business
idea
growth

BIG（Business, Idea & Growth）系列希望與讀者共享的是：
●商業社會的動感●工作與生活的創意與突破●成長與成熟的借鏡

如何讓人改變心意？

HOW to CHANGE MINDS

The Art of Influence without Manipulation／破解從NO到YES的秘密！

羅伯・喬利斯 Rob Jolles——著
李芳齡——譯

好評推薦

也許，我們的意圖只是想影響某人，但要如何辨察我們是否不經意地在操縱對方呢？讓喬利斯教你。有豐富銷售與訓練經驗的他，不僅是影響技巧專家，也深懂人性。本書教你如何以合乎道德的說服技巧來影響他人，而非操縱他人。若你想有效地改變他人的心意，以促成對方作出必要的改變，你應該閱讀此書。

——肯尼斯・布蘭查（Ken Blanchard）
《一分鐘經理》（*The One Minute Manager*）作者

本書教導的流程與技巧適用於商場及個人生活，作者針對如何有效改變個人及商業關係，提出了獨特觀點及方法。你可以在喬利斯充滿個性的寫作風格中學習這些技巧與方法。

——湯姆・齊格勒（Tom Ziglar）
齊格勒公司（Ziglar Inc.）總裁，知名激勵大師齊格勒（Zig Ziglar）之子作者對於影響及說服有精闢洞察，並且以強而有力且有趣的筆調提出。本書堪稱二十一世紀的《人性的弱點》（*How to Win Friends and Influence People*）！

——艾里．瓊斯（Eli Jones）
阿肯色大學行銷學教授暨行銷系系主任

最有智慧和最合乎道德的銷售訓練師都懷有一個與心理治療師相同的目標，那就是促使其客戶或當事人作出對他們有益、能幫助他們成功的改變。喬利斯在本書中提出的方法教你如何達成此目標。

——臨床心理治療師克里夫．艾爾斯（Cliff Ayers）

學習如何影響行為，是司法界所有從業人員應該學習與熟稔的重要技巧，每當我們前去應付挾持人質或抗爭事件時，都需要使用此技巧。本書能幫助司法界所有從業人員應付日常工作，我會鼓勵我的所有同事閱讀此書。

——比爾．索波（Bill Soper）
馬里蘭州凱佛郡（Calvert County）警長辦公室助理指揮官

喬利斯再一次洞察無人看出的銷售流程微妙元素，並提出能幫助銷售專業人員提升績效的具體行動，我們將向我們的會員推薦此書。

——弗瑞・戴爾蒙（Fred Diamond）
卓越銷售與事業發展研究機構共同創辦人

身為銷售人員，我們總是走在「營造急迫感」和「咄咄逼人」的細微分界之間，前者對所有業務員而言是非常重要的技巧，後者則是大大有害。本書作者檢視這條細微分界，提出了所有人都能遵循的獨特觀點。這是區別銷售界佼佼者與拙劣者的細微DNA。

——吉米・沃爾夫（Jim Wolf）
泰利沃斯軟體公司（TeleVox Software）銷售副總

在現今科技導向的忙碌世界，沒有道德指南的說服是普遍的溝通形式。數十年的教導經驗為喬利斯提供了撰寫此書的洞察，我向所有尋找此主題解答的人推薦此書。

——羅伯・穆勒（Robert「Frank」Muller Jr.）
貝靈不動產投資信託公司（Behringer Securities）執行長

如何讓人
改變心意
HOW TO CHANGE MINDS

目次

〔推薦文I〕

學習如沐春風的影響力

◎丁菱娟

我在二十多年的公關生涯中，做最多的一件事情就是販賣點子及企劃案。在無數的簡報及比稿過程中，我發現行銷其實就是不斷說服的過程。不論是開會、簡報、比稿、與媒體溝通，或與客戶聚會，想想我們日復一日在做的，不就是說服和影響他人，使客戶同意我們的提案，相信這是最適合他們的建議，使客戶願意撥下預算讓我們去實現構想。甚或使夥伴們願意相信我所說的是最棒的點子，讓團隊願意全力以赴，共同完成目標。就像偉大的領袖總是透過他的演說說服大眾相信他所說的，而心甘情願地支持他、追隨他。想想，這是多麼艱難又有意義的一件事。

多年來，我所從事的公關工作，更是行銷的最高層次——影響有影響力的人。雖然行銷的方式很多，但是唯有透過說服與影響的方式，才能使人心悅誠服地改變，才能長久，才會有效。

書中很多的例子與技巧是教導我們去挖掘他人的需求——站在對方的立場，去解決他的需求。這樣的技巧使得人們願意放棄堅持，改變念頭，朝向你希望去的方向，但最重要的是他們認為是自己做的決定，所以心甘情願，毫無勉強。就像廣告的精髓，講求的是挖掘消費者的洞察，唯有找出消費者洞察的廣告才能感動人，才能得到消費者的共鳴，進而購買。透過本書，我們將可以學習影響不操縱的說服技巧，成為頂尖的行銷人，甚至運用在日常生活上也會成為受歡迎且有力量的人。

我一直相信，唯有透過說服與影響，而使人願意心悅誠服地改變，才是如沐春風的一件事，而非用花言巧語或花俏絢麗的招數，使人一時不察而購買，因為這樣的行銷模式早晚會使人懊悔。就像北風與太陽的故事一樣，正向、溫暖的陽光才會使人脫掉外衣，而寒冷的北風只會讓人們關閉心門，將外衣扣得更緊。

我有一次買房子的經驗，我對一間非常中意的房子出了一個價錢，其中有一家仲介稱說已經有兩位買主，如果出這樣的價位恐怕很難買到，企圖希望我加價，這讓我非常猶豫且有些排斥。但是另外一家仲介，卻告訴我這個房子之前是一位成功且有魅力的企業家所擁有，他覺得我的氣質非常適合這個房子，希望我可以擁有這個房子，並期盼好運會隨著這個房子帶給我。由於當年我有些事情並不順遂，聽到這樣的說法讓我有些心動，而且我可以感受到那位銷售員是衷心地希望我好。雖然後來房子沒有成交，但是我對這位銷售員印象深刻，後來有機會也透過他交易買賣房子。可見，透過影響來說服人的力量遠比操縱來得大。

最近，我經常受邀演講，我發現透過故事的陳述，尤其是親身經歷的故事去闡述我所要說服的觀點，通常都可以得到聽眾的認同。說服不是說你想說的，而是說對方想聽的，用一種同理心的說法去講聽眾所關心的，你要在乎他們所在乎的，了解他們的擔心，引領他們去思考，進而願意改變，這才是高明的影響，還有最重要的一點是：你真心地希望對方更好。

（本文作者為世紀奧美公關董事長）

〔推薦文Ⅱ〕

要像心理治療師般思考

◎黃瑽寧

我曾經聽過一個戲謔語：「世界上最困難的兩件事，一個是把你的錢放到我的口袋裡，一個是把我的想法放到你的腦袋裡。」這句話前半句雖然聽起來似乎是針對推銷員這個職業，然而廣義來說，我相信不管您的職業、身分為何，應該都曾經嘗試過，也不斷地挫折過，想藉由誠懇的話語，來改變周遭某些人的意念。

這本書中提到了醫師這個行業。的確，要說到「最致力於努力改變別人心意」的職業，我想醫師比推銷員更有資格。醫師的工作是推銷「健康」，每天要面對數十位，甚至上百位病人，希望他們從走出診間的那一刻，能夠決定拋棄舊有的生活型態，擁抱新的健康燦爛生活。雖然有如此美好的願景，你我卻都心知肚明，有多少人真能如願以償、從此洗心革面過新生活呢？

作者羅伯・喬利斯（Rob Jolles）是全美知名的銷售大師，在書中他點破了改變別人心意的溝通盲點：並不是對方不想改變，而是你說話的方式，讓對方沒有急迫想要改變的動力。因此，在這本書中，他鉅細靡遺地分享了「如何改變別人心意」的祕訣，教導讀者如何詢問、用心傾聽、建立信任、提供改變動機、促使承諾等等，這些技巧聽起來不只適用於商業人士，也適合醫師、律師、老師，甚至家庭中的夫妻關係、親子溝通等等，不是嗎？事實上，在書中，作者的確列舉了許多人際互動的例子來說明，其中不乏家庭成員之間的對話，並不局限於商場上的銷售手法。原來溝通的模式是可以觸類旁通的，是放諸四海而皆準的；如果你想要改變別人心意，讓他人樂於接受你的提議，唯有應用大量的同理心──「心誠則靈」！

也難怪作者羅伯・喬利斯在提供各樣溝通妙術之餘，告訴大家「要像心理治療師般思考」，一語道破各種技巧背後最核心的價值。讀完此書，我對自己職場所面對的醫病關係，以及調解家庭中不同的意見，更具信心與盼望。相信不論是什麼職業的你，也能和作者一樣，成為一個有智慧的「意見推銷員」！

（本文作者為馬偕小兒科主治醫師）

〔前言〕

影響，不操縱

若我能教你一種讓人改變心意的方法，而且我有十足把握，這個方法能提高說服別人改變的成功率，你會不會想要立刻學這些技巧？深呼吸，認真考慮一下，因為這本書就是要教你這些技巧。不過，這其中有但書：在學習如何讓人改變心意的技巧時，你必須了解並負起道德責任。套用小羅斯福（Franklin Delano Roosevelt）、邱吉爾（Winston Churchill）、史丹・李（Stan Lee，譯註：有「美國漫畫英雄之父」美譽、創造出蜘蛛人、X戰警、鋼鐵人、索爾等著名角色）等人的話：

能力愈強，責任愈大。

對本書內容，我有信心：第一，你會發現一種最有可能幫助你改變他人心意的方法，而且這方法幾乎每次都奏效；第二，讓人改變心意有兩種方式：影響別人做出他自認正確的決定，或是操縱別人做出你想要的決定。這兩者的不同，差別在於你的用心不同。

我不僅要教你如何改變別人的心意，也要讓你能區分怎樣是影響別人，怎樣是操縱別人。為了達成這兩個目標，這些技巧必須符合四要素：⑴適用所有人；⑵合乎道德；⑶可評量；⑷符合你的信念。

必須適用所有人

近三十年來，我教人們如何推銷、說服，並把這些技巧傳授給那些不靠銷售維生的人。過去的經驗使我察覺，「說服」這個主題可能令人產生焦慮。因此，你首先必須思考並解答兩個疑問。

第一個疑問是：只有銷售人員，才能使用這些技巧嗎？你大概經常聽到這句話：「人人都做推銷的事」，不過，許多人只不過是想運用這些技巧來說服小孩，或是說服好友改變他／她的想法或行為，也有經理人想說服自己的團隊。

本書要教的技巧的確對專業銷售人員既實用又有效，但多年來，我也舉辦研習營，把這些技巧傳授給美國太空總署的工程師、人質談判者、藝術家、家長團體等等，不是只有靠銷售維生的人，才需要學習如何改變別人的心意。影響他人的藝術，人人都需要學習。

第二個疑問是：你必須具有特定的天賦技巧，才能影響別人嗎？這個疑問有許多不同的問法，例如：「你是天生的業務員嗎？」、「任何人都能做到這些技巧嗎？」，不論如何陳述，基本的疑問皆同：「我能學會這麼做嗎？」要是每次有人問我這個問題，我都能收到一個五分錢硬幣的話，哈，我現在一定已經收集了一大罐五分錢硬幣啦！

其實，在遇到有史以來最傑出的業務員之前，我並不知道這個疑問的解答。他並不是什麼暢銷書作者，是個相當寡言、謙遜的人，名叫班．費爾德曼（Ben Feldman）。

風格不同而已

你大概也沒聽過他，所以，我來介紹一下。我在一九七九年踏出大學校門，這也是我在紐約人壽保險公司（New York Life Insurance Company）任職的第一年，費爾德曼是這個產業的最頂尖業務員，其實，用「頂尖」二字形容並不貼切，他宰制了這個產業，一生賣出總計十六億美元的壽險保單。二十五萬名壽險業務員當中，前九名保險經紀人的業績數字彼此相當接近，但費爾德曼的業績是那些僅次於他的競爭對手的三倍。

在此之前，我從未見過費爾德曼，我想像他是個外向的高個兒，非常健談，聲音洪亮，集合了我心目中優秀業務員的所有特質。直到那一天，有幸見到他，改變了我的一生。

費爾德曼身高約五呎三，頭髮有點像《三個臭皮匠》（*The Three Stooges*）裡的賴利，說話有點口齒不清，跟我想像中的模樣差距很大，但頃刻間，我就被他的獨特風格深深吸引。那些傳統超級業務員的長處，他一項也沒有，但他一直忠於自己的風格，運用自己的長處，成為業界的巨人。

我在那一刻，學到我一生中對於「個人風格」的最寶貴啟示：我無法成為費爾德曼，但我可以聚焦於他的技巧！之後，我不斷地自問：「我該如何做，才能使這些技巧變成我的風格？」我的個人風格是什麼？我的長處不是費爾德曼的長處，但話說回來，費爾德曼的長處也不是我的長處。

費爾德曼不僅啟發我這個二十一歲的毛頭小子，去尋找自己的推銷方式，也帶給這世界一個簡單的啟示：

若你忠於自己獨特的長處，並找到有效、明智的技巧，那麼你的溝通風格就會成功！

費爾德曼已在一九九四年辭世，留給世人一個典範。不過，他並未留下多少關於說服的教戰守則，他鮮少公開演講，僅有的少數演講，內容是鼓舞性質多於指導性質。不過，他教給我們重要的一課：若你忠於自己的個人風格，你就能變得如自己期望的那般傑出。任何人都能做到嗎？當然！

必須合乎道德

在我們努力說服別人改變心意的過程中，涉及很多要緊的東西，但我聚焦的重點是：這種說服要有品，不能失了道德。

《韋氏字典》對「ethics」的定義是：一套道德價值準則。但這其中有一大片灰色地帶，不是守不守規矩這麼簡單而已。當我們很想改變人或事時，有時，即使立意良善，也不免有所掙扎。

我相信，唯有正視這個問題，我們才能擺脫陰影，不會覺得運用技巧去影響別人改變心意是不好的事。真的，這麼做並非壞事，事實上，有時這麼做是人們最能表現善意的行為。但是，如果只是運用操縱的技巧去改變別人的心意，則是卑鄙自私的行為。

絕大多數人不會一早醒來，伸展一下身體，喝杯咖啡，然後對自己說：「嗯，我今天想要幹點缺德事。」實際情形比這稍稍複雜些，它始於另一個字「辯解、合理化」（justification）。《韋氏字典》對「justification」的定義是：以理由、事實、情況或解釋來證明或辯護。

人們不會立意做不道德的事，但是，當你有一個誘因時（這誘因可能是改變你職涯的銷售競賽勝利就在你眼前，唾手可得），影響與操縱兩者的分界線就會變得明顯可見了。若你的同僚改變其行為，可以使我們獲得的利益大於他本身獲得的利益時，影響與操縱的分界線也會變得明顯。如果再加入「辯解、合理化」，就產生了不道德行為。

你說影響與操縱之間的分界線很容易辨識？哎，我們全都有自己的道德門檻，舉例而言，你在圖書館裡的桌上發現有人遺忘了一支漂亮的萬寶龍（Montblanc）筆，你會把它送到失物招領處嗎？也許會。現在，讓我們注入少許「合理化」元素，假設你因為參與一項有意義的活動，獲贈一支漂亮的萬寶龍筆作為答謝，但一個月前，你遺失了它，迄今無人撿到後歸還。現在，你坐在圖書館的這張桌前，手指轉動著這支別人遺忘的萬寶龍筆，你還會把它送到失物招領處嗎？畢竟，別人拿了你的萬寶龍筆，你也可以留下這支取而代之，不是嗎？這似乎很公平啊，對吧？這就是我所謂的「辯解、合理化」。

我有一個客戶旗下有六百五十多名測謊器波動圖解析員，我從他們那裡得知，不論是什麼類別的犯罪，供詞中總是含有千奇百怪的辯解，例如：「我是偷了錢，可是，我有兩筆學費要支付，那主人錢多到不知如何花用，而且，他的保險箱沒關！」我知道，你我都能看出偷竊就是偷竊，但此人為其不道德行為辯解，並視此為生存之道。

為任何有問題的行為作出辯解，顯然已是司空見慣。這種兩難困境絕對不是什麼新鮮事，整個人類史中，這種事屢見不鮮。刺殺美國總統林肯的約翰・威爾克斯・布斯（John Wilkes Booth）絲毫不認為他的行動不正當，歷史告訴我們，布斯認為他的可怕行為有正當理由，他認為他的行動不僅能改變美國內戰形勢，最終還能使他成為所有人稱頌的英雄。

我們內心的道德準則會發出聲音，但我們可能也會對我們深知不當的行為作出辯解，當這兩種聲音相牴觸時，我們得有所警戒，因此，我設下了第二道障礙，這障礙就是區別的分界線：在此分界線的一邊，運用影響技巧是適當的行為，但跨越了這條分界，就變成了操縱。我在後文中會一再提醒你，影響與操縱的界線在何處，旨在防止你不慎跨越此分界。

必須可以評量

閱讀本書時，你很快就會發現我喜歡說故事，我希望你會覺得這本書有趣、鼓舞人心，具有啟發作用，但若你的感想就只是這些，那我就是浪費了你的時間。

我希望這本書不只是有趣、能激勵和啟發你，要做到這些其實很容易，但是，教你如何使用影響技巧去改變別人的心意，卻不操縱他人，這才是真正困難的部分，也是本書要提供的內容，而且你會發現，這些技巧是一套明確的流程。

當你有一個明確的流程，你就能評量你所做的事；當你能評量時，你就能矯正。

找到正確的評量方式

踏出大學校門後，我的第一份工作是在紐約人壽保險公司當業務員，當時的我年輕、有幹勁，一心想成功，公司對我提出的績效評量指標很簡單：「一週賣出兩張保單，一個月賣出十張保單，不要讓我們抓到你在辦公室裡閒混，等電話上門！」

有趣的是，依這種評量形式來看，我是非常優秀的保險業務員。有些月份，我的績效數字很亮眼，經理會告訴我：「不論你現在是如何做到的，保持下去。」當我的業績不那麼好時，經理說的話就不那麼客氣了。我心裡總是不安地感覺自己應該是有什麼地方做得不對，但因為我幾乎總是能達成公司訂定的績效目標，因此被視為優秀的業務員。

我在紐約人壽的職涯過得很不錯，我永遠感激這家公司給我從事銷售工作的機會，但令我感到沮喪的是：我只是一味追求那些績效數字，卻根本不了解我到底做得對不對（就流程的角度來看），因此我最終離開了紐約人壽，進入全錄公司（Xerox）。

紐約人壽的工作令我愛上銷售，全錄的工作教會我如何銷售。在全錄，似乎凡事都得有某種評量，但這正是全錄成功之處。

全錄非常執著於我們所做之事背後的流程與方法，一開始，他們對我的銷售業績並不感興趣，他們關注的是我的銷售流程。事實上，在全錄的初始銷售訓練課程中（當時，被譽為舉世最優的訓練課程之一），我們從未提到影印機，在訓練中，我們賣的是電話答錄機和飛機。全錄堅信：重要的是完美的銷售流程，至於賣什麼產品，並不重要；換言之，他們相信有了完美的銷售流程，什麼產品都能賣得好。

依循這個可重複、可預測、可評量的流程，我不再不安地感覺自己有什麼地方做得不對，當我的銷售業績表現亮眼時，我知道是什麼原因；當我的銷售業績不佳時，我也知道箇中原因。我從未忘記全錄教我的東西，今天，我所傳授的東西中，有很多是根據全錄灌輸給我的理念。

學習一項新事物時，我們如何評估自己到底學得好不好？我想，重點不只是要了解，而且還能夠以一個可重複、可預測、可評量的流程，將所學付諸實行，本書要提供的就是這個。

必須是你相信的東西

仔細想想，如果真有能力去改變別人的心意，這是多麼令人興奮，卻又不易做到的事。所以這篇前言的最後要幫助你了解，何以我們要勇敢地使用這些技巧。我常想，如果要省事，就別去干預，別去協助，就讓人們自行去改變他們的心意及行為就好，我們也就不會陷入影響他人的爭議中，這樣會容易得多，可卻往往導致人們害怕改變。

多年前，大衛・華勒欽斯基（David Wallechinsky）等人合著的《排名書》（*The Book of Lists*）中列出了一份「人們最害怕的事物」排名，大出許多人意料之外，排名前五大為：

1. 公開演講
2. 懼高症
3. 昆蟲
4. 財務問題

5. 深水

此書後來多次發行新版，各種排行榜的排名多少有所變動，飛行也進入「人們最害怕的事物」前五大。不過，我認為還有一項人們害怕的事，尚未出現於任何排行榜上，但卻是阻絆所有人的障礙，而且更具破壞性，那就是：害怕改變。

回顧人生，你有多常面臨困難的決定，你權衡各種選擇，理性和直覺都分別向你提出解方，但你做了許多人常做的事：什麼都沒做。害怕改變的恐懼心理戰勝了你的理性，等到你終於有空作出決定時，你的沮喪和悔憾心聲往往是這句我們常聽到的話：「真希望我能早點這麼做！」

對於未知的害怕，往往戰勝了當下的痛苦。

解方是：別為人們解決他們的問題，而是聚焦於引領他們去解決自己的問題。人們鮮少去思考他們的問題可能造成的影響，若他們能這麼做，我們也就不需要和他們進行如此困難的談話了。我們也就毋須把某人找來約談，或是思考要如何打這通電話，因為你想要影響的人會自己找上門。若你想除去人們害怕改變的心理，關鍵在於你有能力去擁抱和運用影響他人的技巧。

在適當的情況下，引導人們擺脫害怕改變的心理，是最具善意的行為。話雖如此，仍然有人不明白這道理。你已經跨出信心的一大步，買了這本書，現在，請讀下去，你將學到如何改變他人的心意，並且學到如何去幫助那些在改變中掙扎的人們！

第1章
改變心意，改變生活

操縱他人者企圖說服別人採行某解決方案，
不論本身是否認同此解決方案；
影響他人者只在自己相信並支持某解決方案時，
才會試圖說服他人採行此解決方案。

HOW TO CHANGE MINDS

基本上，當你運用影響技巧去改變一個人的心意時，你是在把一個觀念或想法植入他腦中，使他覺得是自己在思考它。

這句話是否令你覺得困惑不安？若你沒有這種感覺，我才意外呢。不浪費時間，我們直接切入正題吧！美國詩人詹姆斯・萊利（James Whitcomb Riley）說：「當我看到一隻走起路來像鴨子、像鴨子般游水，叫聲像鴨子的鳥，我便稱牠為鴨子。」我將向你傳授一個可以成功改變別人心意的方法，這方法未必總是漂亮、安全，而且我也很清楚，「影響」這字眼令一些人感到不安，「操縱」這字眼令人噁心，最糟的是，這兩者的分界極為細微，事實上，有時候，這兩者的差別僅在於意圖。不過，在你射殺信差之前，請先閱讀下述故事。

無可避免的後果

週二早上，丹趕著去做年度體檢，十年來，他每年都做一次體檢。發動車子時，丹臉上浮現微笑，心想：「一定又要被醫生嘮叨一番了。」

坐在檢查室裡等候醫生時，丹檢討過去這一年的情形，一年前，他向醫生承諾要減重，但這一年間，他又增加了幾磅；他承諾要多做運動，但這一年間，他的運動量減少了，生意很競爭，哪來時間運動呢？更何況，每天下班回到家時，都已經精疲力竭了。

醫生出現，他對丹的說教內容一如預期：「丹，你一定要改變你的生活型態！」丹點點頭，承諾他會改變，但他和醫生心裡都很清楚，不會出現任何改變的啦。呃，他們錯了。

兩個月後，丹突然呼吸急促，胸口悶悶的，但症狀很快就消失。可是，過了一會兒，症狀再度出現，並且快速惡化，他的一隻手臂感到不適，並且噁心想吐。他的太太趕緊送他就醫，救回他一命。

丹生病了，隨後他必須熬過雙重心臟動脈繞道手術，後面還包括工作上的損失、身體的復原，以及伴隨手術而來的財務問題等等。今天，我的這位朋友丹身體健康，當然，他終於減輕體重，也開始規律地運動。

類似這樣的情境在我們的人生中一再出現——每年、每星期、每天的傷害不同，有時簡單（例如不良的讀書習慣），有時複雜（例如童年造成的心靈創傷）。當事人不同，情節的某些元素不同，相同的是，這些後果都讓人覺得無能為力。

但我相信，我們其實是可以有所改變的。

九〇年代初期，我當時仍任職全錄公司，我的職務是和外面那些想學習並推行「全錄模式」的客戶共事。其中，我最喜愛的一個客戶是全美規模最大的教會之一，該教會裡發生的種種故事性質雷同，只有當事人不同，有人是道德迷失，有人是酒精成癮。我聽過另一個客戶述說相同的情節：

「我們想幫助迷途的人，遺憾的是，那些真正需要我們的人，卻不想要我們的幫助（你大概知道其結果），那些想要我們的幫助，也尋求我們協助的人，似乎總是在他們最近的生活中發生了不幸之後才來找我們。」

這是巧合嗎？我所說的這個教會是我的最佳客戶之一，怎麼說呢？因為我花不到五分鐘就說服牧師相信：為了拯救人們，他們必須停止講道說教，他們應該學習如何影響人們的行為，並對他們敘述的內容加入「推動」（push）。他們隨後成功運用這些技巧，如今，這所教會已成為全美規模最大的教會之一。

請注意，我沒有用「強力推銷」（pitch）這字眼，我用的是「推動」。要讓人改變心意，我們通常面臨的只有兩個選擇：向某人強力推銷一個解方，或是把他推向這解方。本書擁護後者，因為我相信，靠強力推銷無法改變他人的心意。

不要強力推銷，要推動

讓我們做個小小的測驗。當你聽到「pitch」這個字時，你首先想到什麼？我們來看看《韋氏字典》對「pitch」的定義：強迫性的銷售談話。

想像你正在和客戶安排見面，或是打電話給一個朋友，你告訴對方：「我打算跟你來場強迫性的銷售談話」，對方一聽，鐵定馬上掛你電話。我猜，就算是對你的朋友，強力推銷也會令他唯恐避之不及吧。

「向別人強力推銷」跟「影響別人」有何不同？真正的、最純粹形式的「影響」，跟「強力推銷」的概念相差十萬八千里，事實上，這兩者是完全相反的東西。真正的影響不是你一個勁兒地講、講、講，你還得傾聽；真正的影響不是「一個概念適用所有人」，而是要針對每個人的特殊需要來打造一個解方；真正的影響不執著於一個特定解方，而是要探究個人的潛在問題。

想知道為何業務員的名聲很差嗎？因為客戶害怕在電話上，或面對面地跟一個想強力推銷某項東西的蠢蛋講話。

早年，挨家挨戶推銷東西的業務員（想想富勒刷具〔Fuller Brush〕、吸塵器、聖經等等）行走各地，想辦法進入各家大門，偶爾成功地用他們演練得滾瓜爛熟的推銷詞賣出東西。但那種銷售模式早就過時了。

不論是父母、配偶、經理人或朋友，我們的處境很雷同：我們想要影響別人的行為，我們想要提供幫助，但我們不知道要如何做。弔詭的是，我們知道解方是什麼，太清楚了！我們常演練我們必須說什麼話，可是，把話說出來後，這些已經練習得滾瓜爛熟的話，卻對我們想幫助的人產生不了作用，這令我們很受傷或震驚。之所以會這樣，是因為多數人不懂得如何對我們想幫助的人，給予他們迫切需要的推動力，我們不懂得如何改變對方的心意。

這是因為我們不認為自己有權這麼做嗎？還是因為我們認為這麼做是不道德的？「影響」與「操縱」兩者之間存在道德的分界，在進一步討論之前，我要重申：你必須相信，「影響」並不是個糟糕的字眼，影響他人並不是壞事。一切始於相信：

你必須相信你的解方，相信你的解方無可取代，不需重來，而且不假思索。

聽起來像陳腔濫調嗎？我希望不會，因為這是你必須思考的最重要問題之一。我要帶你展開的旅程，將會開啟以往對你封閉之門，我對你的承諾是，我不僅要教你如何影響他人，還要為你提供可重複、可預測的工具。但前提是，你必須相信你要影響他人去做的事。

信念危機

談到影響的藝術，我們面臨一個危機：信念危機。太多人對於「影響他人的行動」這個想法感到不安，我們不應再逃避「影響」這字眼了，我們應該尊敬它，擁抱它，相信它。

使用一套技巧去說服他人做某件事，而這件事是基於你的想法，不是他們的想法，許多人一想到這，就會覺得惶惶不安。我認為，我們必須擺脫這種恐懼心理，相信這是必要之事，因為有太多的情境迫切需要我們運用影響技巧去推動改變。

人類天性害怕改變，避免去想某個問題長期以來的錯綜複雜和牽連，我們情願停留於不正常的已知世界裡，也不願意冒險航向未知的世界。

我們必須相信，影響他人並不是一種該受到輕蔑、奚落或質疑的技巧與行為，它應該被審視，並且受到尊敬與讚揚。

影響的藝術和操縱的藝術，這兩者之間存在模糊不清的分界，當你看到需要影響的情境，一旦辨察了影響與操縱之間的界線時，你就不會再害怕運用技巧去影響別人的行動了。

另一個有關銷售的故事

我認識一位多年前就讀馬里蘭大學的年輕人，他是個出色的業務員，一心只想追隨父親的腳步，他的父親也是個傑出的業務員。還是孩童時，他為所屬的童子軍募款，賣出的電燈泡數量比任何人都要多。

年紀再大一點時，他加入男童軍，這支男童軍團挨家挨戶銷售放在汽車儀表板雜物櫃裡的急救箱、肥料、甜甜圈，不論賣什麼東西，他賣出的數量總是居冠，這支男童軍團有一百三十多人呢！高中時，他賣牙刷，大學時，他賣鞋子，他總是把銷售冠軍的獎牌帶回家。

他太愛銷售工作了，因此，自馬里蘭大學畢業後，他進入全美頂尖的保險公司，滿二十二歲的兩週後，他開始賣保險。他研讀銷售腳本，直到滾瓜爛熟，最重要的是，他相信這些產品（畢竟，每一個人到了人生的某個時點都需要人壽保險）。

他想要銷售的對象是年紀較大的人，因為他們有明確的需要，但是，他的年紀太輕，和年紀較大的客戶沒有很多的共通點，因此，在經理的建議下，他勤奮地向同年齡層（二十二歲左右的年輕人）銷售。向同年齡層賣人壽保險，這概念令他窒礙掙扎，因為這個年齡層的人不需要他的產品。

- 這產品能不能保護其客戶的家人呢?能，可是，他的朋友幾乎全都是單身。
- 這產品能不能保護其客戶的住家呢?能，可是，他的朋友幾乎全都太年輕了，還沒有自己的房子。
- 保險費會不會提高呢?會，但要等十五年後。

他的經理想出一個好點子:在保單上增加一個附加保險，在一段期間內，他的客戶可以在不提出可保性證明(evidence of insurability)下購買此保險。換言之，他學會如何承保客戶的可保性。

他是否真的相信這項解決方案照顧到其客戶的最佳利益?對一些有家族病史的客戶而言，是的;但對他的多數潛在客戶而言則否。這種新設計的保單賣得好不好?他大量賣出這種保單。賣這種保單，會不會令他困惑不安?一開始並不會。

但後來，他確實感到困惑不安，他並不相信他的產品，這令他很苦惱。他的銷售業績很亮眼，但幾年苦惱下來，磨蝕得他做不下去了。我深知這點，因為這位年輕人就是我。

當時，我以為自己是在影響他人的行為，但實際上，我是在操縱他人的行為。影響與操縱有何不同？嗯，後文將從許多角度來檢視這個問題，但現下先談這個：

操縱他人者企圖說服別人採行某解決方案，不論本身是否認同此解決方案；影響他人者只在自己相信並支持某解決方案時，才會試圖說服他人採行此解決方案。

一言以蔽之，我認為操縱是不道德的影響。若你本身不會購買此保單，就不該影響別人去購買。若你認為此人有需要購買這保單，那就去影響他，促使他採取行動。若你不會加入一家健身房，就別去影響其他人加入；若你認為加入健身房對此人有益，那就去影響他，促使他採取行動。

若你本身不相信你影響他人去做的事，也許你今天不會感到惶惶不安，但明天，僅僅相隔一天後，你會像我一樣，看著鏡子裡的自己，感到忐忑不安。

我希望你相信，你的小孩、配偶、上司、同事、客戶、你的往來銀行、你的會計師、你的律師、你的病患、你的同儕、你的朋友，將因為受到你的話的影響而獲益。若你全心相信這點，那麼我會非常樂意教你如何去影響他人。若你不相信，那麼你就像是在築一道沒有打地基的牆，這道牆最終會崩塌。

戴夫的父母

我們的人生中有太多美麗的樂章——我們誕生，父母養育我們，我們成長……若我們夠福氣，我們將伴著漸漸年老的父母，一起體驗人生。不過，伴隨這種福氣而來的是年老帶來的種種挑戰。想必有不少人聽過這樣的情境：

> 我的父母現在八十幾歲了，爸爸有阿茲海默症早期症狀，媽媽已經太孱弱了，無法好好地照顧他。我試圖說服他們賣掉房子，搬進更適宜老人生活的環境，但儘管面臨種種不便，他們仍然不願這麼做。事實上，他們認為我竟然會跟他們說這種話，簡直就是不孝子。

在開始進入主題，談論改變他人心意的方法之前，我們先來釐清最後幾件事。人們可能不會開口要求別人改變心意，但他們往往需要別人改變心意。在戴夫的故事裡，一個料想得到的悲傷意外發生了，他的父母所依戀的那棟代表他們自由的房子，在一樁原可避免的意外發生後，被迫出售，他們打造的庇護所最終殘酷地與他們作對。

對那些具有技巧去促使別人改變的人，我們似乎總是貶損他們，而不是尊敬他們。我長期教導別人運用技巧去改變他人的心意，所以，請原諒我對貶損這些技巧的人有點感冒。具有這些技巧的人，說不定有天會變成你最寶貴的資產，甚至可能救了你的命。

你對於「好醫生」的定義是什麼？是在他專長的醫學領域知識淵博嗎？就表面上來說，我同意你的看法，不過，除了醫學知識與資格，讓我們再更深入些。

醫生的臨床態度呢？這點也很重要，因為身為病患的我們在和某人分享我們個人的私密資訊時，能夠感到舒服自在。此外，我想要一個懂得如何改變他人心意的醫生。

有一天，我去見我的醫生約翰．瓦倫提（John Valenti），做我的年度體檢。我問他如何保持健康，他簡潔地說道：「聽著，若你運動，飲食正確，並試著減輕你生活中的壓力，就做對了所有事，剩下的就只是避免壞運氣了。」

這些話再真確不過了。所以，你現在知道了保持健康的祕訣，接下來，你只需遵照瓦倫提醫生的話去做就行了。

我們全都想過健康生活，因為健康的生活之道有助延年益壽，心情愉悅。聽起來，這對我是相當不錯的計畫。那麼，為何許多人明知道必須做什麼才能享受這種健康的生活，卻難以做到？

運動？我們會找時間做，但是，許多人生活與工作忙碌，沒有時間投入於規律的運動。再者，賣力的運動可不是一天當中最享受的時刻，沒錯，做完運動後感覺很棒，但在停止以頭撞牆後，我們的頭也感覺很棒啊！

飲食？多數人知道吃什麼對我們有益，吃什麼對我們有害，不過，對我們有益的食物通常不如對我們有害的食物來得美味，而且，吃健康的食物比較貴耶！

減輕壓力？這或許是三個項目當中最陰暗的一個，不過，成年之後的我們知道什麼會使我們的壓力升高，什麼能減輕我們的壓力，但是，新工作難找啊，也沒膽去展開新關係！

好笑的是，我們最終還是會自行作出一些改變，例如：

運動？當我們在公司的野餐聚會中跑不完一圈操場時，或是在街頭籃球賽中尬輸小孩時，或是打網球輸給更遜的對手時，難堪之情或許會使我們惱怒到開始運動。

飲食？當我們穿不下心愛的褲子時，或是血壓升高至不安全的程度時，我們就會開始注意飲食。

生活作息等。

減輕壓力？若我們幸運地獲得治癒，我們就會開始考慮作出艱難的改變，調整自己的

若是醫生具有優秀的臨床態度呢？若是他能有效說服我們改變生活型態，那該有多好。能夠說服我們作出改變的醫生，懂得如何影響我們的行為，而那些無法說服我們作出改變的醫生，雖具有醫學訓練與知識，知道要告訴我們該做什麼，但不懂得如何告訴我們，他們無法影響我們的行為，只不過是匆忙地進出診療室。

醫生只是眾多例子之一，另一個例子是律師。例如，具有優秀影響技巧的律師能幫助我們了解，在敲定一樁生意後，最好是花點錢去制定更周全的合約，以免將來發生糾紛時，因為不周全的合約而必須打官司。

具有優秀影響技巧的父母能使小孩了解，放下電玩，好好讀書，長遠來看，對人生更有益。

具有優秀影響技巧的會計師能夠幫助我們了解，有專業會計師指點你的企業處理公司稅務，勝過將來得花大錢請律師協助你歷經冗長、繁雜、付出高代價的稅務稽查與官司。

企業、家長、經理人、教師、朋友、教練或任何人，都可能需要改變他人的心意，但是

人類天性害怕改變，若不真心相信影響的必要性，就不會發生任何改變。

> 若你相信某個東西，請打從心裡徹頭徹尾、毫無疑問地相信它。
>
> ——華德．迪士尼（Walt Disney）

所以，你相信嗎？你相信生活中有許多情境需要使用影響的技巧嗎？同等重要的是，你相信你為某個人提供的解決方案，真的是為他的最佳利益著想嗎？若答案為是，我們就有了影響他人而不操縱他人的基石。那麼，接下來，我們便可以進入改變他人心意的必要步驟了，對吧？不，在此之前，我們得先了解你想要影響的那個人內在的心智流程，我們得先從這裡著手，這也是下一章的主題。

〔練習1〕——辨識影響vs.操縱

不論是父母、配偶、經理人或朋友，我們的處境很雷同：我們想要影響別人的行為，我們願意提供協助，但我們不知道要如何做。而令人遺憾的是，別人往往在發生不幸之後才來找我們，其實這是可以改變的。

1. 很多人對於「影響他人的行動」這個想法感到不安，你覺得如何呢？
2. 最近你有沒有經歷過改變心意？可否回想一下整個過程，其中有哪些轉折？你知道改變心意是怎麼發生的嗎？
3. 在工作上或在生活上，你覺得自己受誰的影響最深？想一想自己內在的心智流程，他怎樣影響了你？受他影響之後，你的行為或處事有哪些改變？這些改變對你有什麼意義？
4. 影響他人和操縱他人有何不同？

第2章
深入了解對方的心智流程

你能否成功改變他人的心意，影響其行為，
並非只取決於你能否運用各種技巧，
還取決於你是否了解，
對方處於決策循環流程中的哪個階段，
並運用適合的技巧來影響對方改變。

HOW TO CHANGE
MINDS

過去二十五年，我對我的演講聽眾進行有關於特殊決策的調查，期間歷經了各種經濟危機、幾場戰爭，以及一些其他歷史事件，我從調查結果得出一個重要結論：人們在作出改變時，不論其決策內容為何，他們的決策過程經過幾個可重複、可預測的步驟。當我們要學習如何改變他人的心意和影響他人的行為時，我們必須先了解人們如何作決策。跟許多傑出的概念一樣，這個流程是我在無意間發現的。

決策循環流程

我在職場上學到許多不同的銷售技巧。任職紐約壽險公司時，我學到使用「生存、死亡、離職」的故事、「百人故事」（100 Man Story，譯註：壽險業務員常用的腳本，敘述一百個同一天出生的人在幾十年後的可能境況，藉以說服銷售對象購買壽險），以及其他銷售腳本。

任職全錄公司時，我學到ＳＰＩＮ銷售法（譯註：由Neil Rackham設計出的銷售法，SPIN為Situation、Problem、Implication、Need-Payoff的首字母縮寫，此銷售法就是藉由詢問潛在客戶這四類問題，來引導他們了解對此產品或服務的需要及益處）、策略性銷售法，以及其他銷售方法。我們要負責訓練全錄授權經銷商的銷售人員，若我們只是傳授他們全錄銷售團隊使用的銷售流程，那就容易多了，但問題是，我們使用的銷售流程是從別處取得授權使用的，此授權限定只能傳授給全錄公司本身的人員。經銷商取得銷售全錄產品的授權，但他們不是全錄公司的員工。

可惜的是，全錄在當時並沒有一套自己發展出來的銷售流程，全錄曾有一套自己的銷售課程——名為「專業銷售技巧」（Professional Selling Skills），但已經賣掉了（賣掉時，只小賺了一筆）。因此，在當時（一九八六年），我們決定要發展出一套真正屬於我們的銷售技巧訓練課程，我們希望此課程儘可能先進，並且包含我們能想到的所有說服技巧。最終，我們建立了一個可重複、可預測的銷售流程，用以教導銷售人員。

但是，我們在此過程中產生了一個疑問：顧客呢？顧客在作出改變的決定時，是否也歷經一個可重複、可預測的流程？

於是，我們開始探究顧客作決策的方式，從中看出了幾個可加以定義的階段和決策點，此發現不僅深深吸引我，也從此改變了我對於影響技巧的看法。此流程原被稱為「購買流程」，但隨著我接觸的公司及組織愈多，我愈發覺得有必要為此流程取一個更通用的名稱。

我和警察局、太空總署的工程師、教師、律師、醫生等客戶接觸時發現，他們並不認為自己的工作與銷售有關，但他們認知到，他們共事或服務的對象陷入掙扎，難以作出決定，這些人經歷的正是決策循環流程。

我研究這方面愈久，愈發看出了解和影響這個決策循環流程的重要性與益處。現在，我最喜愛詢問聽眾的問題之一是：「你們相信人們在作決策時歷經可重複、可預測的流程嗎？」有趣的是，聽眾的反應通常不一，於是，我接著問：「請先暫時放下你的懷疑，假設我能證明確實存在這樣的流程，那麼，當你試圖幫助別人作出他們遲遲不下的決定時，若你了解他們經歷的決策循環流程，以及他們目前正處於此流程的哪個階段，會不會對你有所幫助呢？」通常，一些聽眾會點頭認同。這個知識並非只是有用的指引，它能幫助你找到適當技巧，去幫助那些陷入決策掙扎的人們。

過去二十五年，我調查了五萬多人，證明了解此決策循環流程確實有所助益。這樣做不僅能幫助你站在他人的角度看待事情，也提供一扇窗口，讓你能夠窺見你想改變的對象內心的想法。

當你想改變他人的心意或幫助他們作出決策時，你必須聚焦於他們的立場和思考角度，這一點，我再怎麼強調都不為過。你不相信真的存在這樣的決策循環流程嗎？我們不妨用你本身生活中的經驗來引證。我把此流程區分為六個階段，分別說明如下，在閱讀的同時，請用你生活中最近作出的一個重要決定，來印證你的經歷是否與這流程相仿。你用你的例子來印證，我用我自己的例子來說明。

縱使是一個可重複的流程，也有一個起始點；在此決策循環流程中，起始點是滿意階段（satisfied stage）。在此階段，人們相信他們沒有需要，沒有問題，他們認為一切都很理想。

一、滿意階段

我希望這世上有更多人感到快樂，覺得事事完美如意，不過，我不認為多數人說的是事實。請先別動怒，思考一下這個問題：有多少比例的人對他們生活中的情況真的處於滿意階段？百分之五十？四十？三十？

請容我把感覺和事實區別開來，正確答案是介於百分之四點五至百分之五。驚訝嗎？我可以用數十年的研究調查來佐證這些數字，但我覺得，真正的數字應該是接近百分之二，這數字，我就無法佐證了。我相信，那些說他們對一特定境況感到百分之百滿意的人，有一半並不是在說謊，他們只是未察覺自己所言不實罷了。

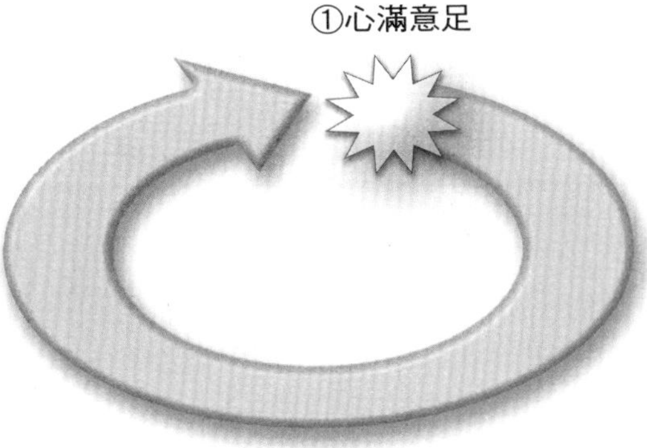

有多少次，我們聽到新聞報導說，我們以為對我們有益的某項產品，其實對我們根本無益？我們未察覺問題，並不代表問題不存在。

我們的第一棟房子

你還記得你此生購買的第一棟房子嗎？我清楚記得我買的第一棟房子，那時，我剛結婚，我太太和我決定搬出我們居住的公寓。當時房市正值熱絡時期，供不應求，往往一有房子要出售，二十四小時內就有三、四組人付斡旋金，或是開出比售價更高的買價。我們非常中意一棟房子，但晚了一步付訂，就被別人搶先買走了，所以，之後，只要一聽到有房子第二天早上要張貼出售，我們前一晚就趕去看屋。我們想要快速行動，我們的確這麼做了。

我們看中位於馬里蘭州貝塞斯達市鱈魚角廣場區

的一棟美麗房子，覺得這地點近乎完美，和首都外環道只相隔幾個街區，去哪裡都很便利，我們尤其喜愛這棟房子座落在一個無尾巷（死巷）裡，那天感覺這裡安靜極了。就是它了，座落於安靜的無尾巷裡，它就是我們要的房子了，我們愛它！

＊＊＊

將來可能有要應付的問題，但滿意階段代表決策者短期間內的蜜月期，蜜月期不持久，過沒多久，我們就會覺察到我們當初的決定可能不完美，此即我們在此流程中的第一個行動時刻。

二、認知階段

接著，改變的可能性浮現了，認知階段（acknowledge stage）代表人們作決策的過程中最重要的一步，這是決策循環流程中最關鍵的環節，但也是最被誤解的環節。

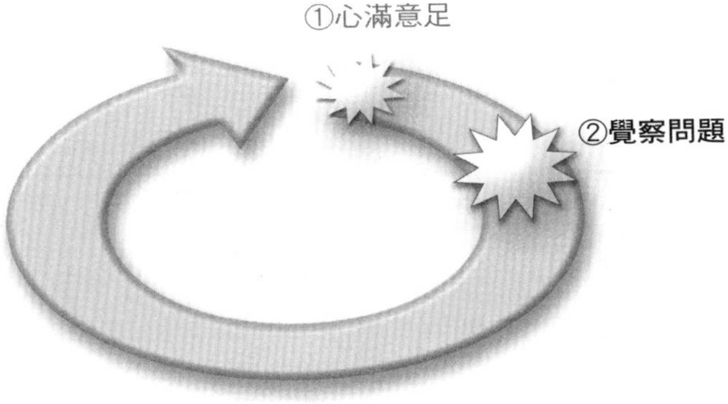

樂園中的小麻煩

我們趕著簽約買這棟房子時，並未警覺到我們是在交通尖峰時段看房子，此時，首都外環道上車流量緩慢，幾乎聽不到噪音。簽約後沒多久，我們才察覺，這棟房子並非靠近首都外環道，可那交通噪音聽起來就像我們的房子座落於這條幹道上！但這是我們的房子，位於有時安靜的無尾巷裡，我們愛它。

認知階段代表我們心智中的一個分歧。一方面，我們承認我們的確面臨某些問題，可能需要改變；可是另一方面，我們說不，我們此時不想對這些問題採取任何行動。

我共事過的許多人告訴我，他們想要影響、改變的對象大多處於決策循環流程中的這個階段。根據我的調查數字，他們說的一點也沒錯，我調查的對象當中有百分之七十九的人說，他們就是處於決策循環流程的這個階段。「雖然難受，但不是無法忍受。」他們說著。因為沒有急迫感，就不一定非得改變不可。

我有時稱此階段為「發牢騷階段」，我們不斷地犯嘀咕、發牢騷，但未作出任何改變行動。更糟的是，大多數的人不僅卡在認知階段裡，還卡了很久。

樂園中的較大麻煩

過了若干年，兩個小孩接連出生，我們終於想出方法來擺脫首都外環道的噪音。我們終年關緊遮擋風雪的外層窗，在露天陽臺上安裝了博士音響公司（Bose）出產的第一款戶外喇叭，甚至還購買了一台空氣清淨機，每晚在臥室裡開啟，我們太喜歡它了，又購買了第二台。因為這是我們心愛的房子，位於不太安靜的無尾巷裡，所以，我們忍受問題。

＊＊＊

人們不解決小問題，他們解決大問題。

兩個原因使人們持續癱瘓、停留於認知階段。第一個原因是對問題大小的認知，不管是什麼問題，若人們不認為這是大問題，他們就不會迫切感覺到必須採取行動。人總是因循苟且，對面臨的難題一拖再拖遲遲不處理，這是人類的天性，也是我們長期卡在認知階段的原因。等到問題開始擴大，我們才開始更接近重要的決定點；當問題變得太大時，我們便跨越了沙地上的界線，這條界線代表決定作出改變。

人們停留於認知階段太久的第二個原因，是本書中一再提及的：害怕改變。就連最具說服力的人，也常被人們的這種害怕心理阻絆。說句你可能覺得不公平或不中聽的話，我們所有人都有這種害怕改變的心理。

對於改變的恐懼，往往戰勝了當下的痛苦。

我調查的對象當中，有百分之七十九的人說，他們處於決策循環流程的這個階段，從改變的角度來看，這代表大量的機會！不過，大部分人並不想改變什麼，他們繼續掙扎，繼續癱瘓在此階段，等待有什麼事情發生。

沙地上的界線

幾年前，我太太和我擁有一輛福特水星侯爵（Mercury Marquis），這是一部好車，但它為我們效力好多年了，漸漸染上了一些古怪的習慣（我們姑且這麼說吧）。它的後輪會發出某種喀嚓聲，但我們習慣了；它的儀表板燈號有自己的意志，隨其心意開開關關，但我們習慣了；它這邊秀逗一下，那邊遲鈍一下，累積的里程數也不是我們原先預期的，但我們習慣了這一切。我們稱它為「灰色幽靈」，它其實有很多惱人的毛病，我們也不時咕噥著或許該汰換它，不過，那也只是說說罷了。

有一天，灰色幽靈展現了一項古怪的新習慣，令我們很吃驚。那天早上，我們開著它前往附近一個安靜市郊的友人家，當我們正要轉彎進入一個社區時，灰色幽靈的喇叭開始自行響起，直到我們轉好彎，喇叭才自行停止，真是丟臉極了。車子繼續往前開，過了幾個街區，我們再度轉彎，喇叭又自動響起，我們快速轉好彎後，喇叭自行停了。哎，屋漏偏逢連夜雨，我們至少還得轉彎四次，每次轉彎時，喇叭就自動響起，向街上所有人通報我們到了。

就這樣一路丟臉丟到朋友家，一抵達，關掉引擎，我們明明白白知道兩件事：第一，我們得立刻把汽車喇叭的線路切斷；第二，我們必須向灰色幽靈說拜拜了。我們已經跨越了沙地上的界線，決定該採取行動——我們決心作出改變。

＊＊＊

我們心中的決策循環流程顯然是歷經可重複、可預測的多個階段。不過，此流程中有一個關鍵時刻，這個關鍵時刻似乎被許多人忽視，但是，對於試圖改變他人心意者而言，這關鍵時刻很重要——我稱之為「沙地上的界線」。

我不是個喜歡冷嘲熱諷的人，但我很務實，所以必須坦白指出以下兩點：

- 人類對能夠解決的問題，通常會拖上多月或多年而不予解決，這是天性。我們總是等到小問題變成大問題，才想要改變，卻往往已經太遲。
- 人類天性害怕改變，害怕的心理可能蒙蔽我們，使我們無視問題的規模與程度，直到碰到困難，甚至發生災難。

我們和這些問題共存，企圖對這些問題合理化；我們嘀咕這些問題，對這些問題惱怒，但我們置之不理，甚至否認這些問題的存在。直到有一天，狀況發生了。

這狀況可能很單純（例如出現令我們驚訝的評論），也可能很不幸（例如被公司炒魷魚）。總之，就是有狀況發生，促使我們跨越沙地上的界線（我也稱它為「解決或不解決的界線」）。當我們跨越此界線時，我們並不是積極去尋求、採行某個解決方案，而是開始作出改變。

- 我們可能對一份不滿意的工作抱怨多年，不過，當我們開始修改我們的履歷表，開始訴諸我們的人脈尋覓新職時，這才代表我們終於跨越沙地上的界線。
- 我們可能對不滿意的關係抱怨多年，但是，當我們找一位治療師，並約好諮詢時間時，這代表我們終於跨越沙地上的界線。
- 我們可能抱怨一輛車開太久了，累積的里程數太多了，不過，當我們去找汽車經銷商時，代表我們終於跨越了沙地上的界線。

所有人的生活中都有類似這樣的關鍵時刻，關鍵時刻往往啟動改變。我個人寧願幫助他人避免災難，勝過收拾災難，所以，沙地上的界線在我看來非常重要！了解此界線，提醒我幫助他人，跨越此界線是多麼重要。掙扎而難以作出改變，並不罕見，我們全都有這樣的經驗；真正少見的，是人們在太遲之前，自行採取行動，解決問題。

三、訂定標準階段

狀況真的發生了，有時是一個重大不幸的狀況，有時是結合了許多嚴重程度較小的事件，但不論如何，我們決定改變，並開始尋找可能的解方，邁入決策循環流程下一階段：訂定標準（criteria stage）。

壓垮駱駝的最後一根稻草

一個風和日麗的夏日傍晚，我們在家舉辦一場聚會，打開了遮擋風雪的外層窗，開啟戶外喇叭，關閉空氣清淨機。稍晚，我們聽到一位賓客第三次問道：「那呼嘯的聲音打哪裡來？」我太太和我彼此看了一眼，下了決定。我們並沒有在第二天早上就張貼出售房屋的告示，也沒有委託房地產經紀人……，我們還未做這些事，但我們已經跨越了一個關鍵的決策點，我們決心作出改變。這是我們的房子，座落於無尾巷，但交通太嘈雜了，我們受夠了。

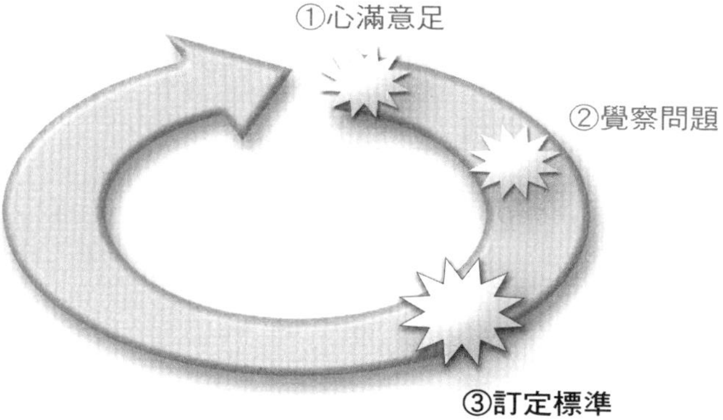

＊＊＊

一個吸菸多年的老菸槍突然戒菸了，為什麼？也許是一趟獨木舟之旅，令他喘不過氣來，也可能是看到某人的不幸，使他下決心戒菸。總之，就是問題程度擴大了，促使我們開始尋找可能的解方。不幸的是，這樣的醒悟往往來得太遲。

我在紐約人壽賣保險時，經理最討厭的事情之一，是看到我們這些保險經紀人坐等電話鈴響，靜候生意上門。除非有不幸的事發生（通常是非常不幸的事），人們不會打電話給保險經紀人洽詢買保險。有一次，我接到一個顧客打電話來要買保險，這非常罕見，我們的談話大致如下：

「嗨，我想要買保險。」

「哦，很好，醫生怎麼跟你說的？」

「啊?什麼?」

「噢,我是說,你今天去看醫生時,醫生告訴你什麼?」

「呃……,他說我的血壓升高。」

我們的問題左右我們的需求程度。

我不是算命仙,但我了解人性。在決策循環流程的這個階段,我們往往歷經某種情緒危機,開始尋求解決令我們煩惱之事。決策循環流程最重要的一課出現於這個階段,無數的例子一再證明,我們的問題明顯左右我們的需求。看看你過去所作的一些決策:

- 你幾年前買的房子其實應該要有一個帶圍籬的院子。我想知道,以往院子沒有圍籬時,你的狗跑出去走失了幾次?
- 你幾年前找的工作不應該離家十哩之外。我想知道,在以往辛苦的通勤期間裡,塞車花了你多少小時?
- 你幾年前買的車子應該要安裝藍芽才對。我想知道,有多少次你在撥打行動電話時,差一點撞上前車？

- 你幾年前錄用那名員工時，應該要先查一下他以往的忠誠度及合作紀錄才對。我想知道，你換掉的這名員工有多不可靠？他的低忠誠度造成多大傷害？

問題左右需求

我和妻子並沒有在聚會後的第二天就去找房地產經紀人，我們等了約一個星期，此時房市已經變成買方市場，亦即買方有很多的房子可以選擇，有大的、小的、簡單的、別緻的，但我們只執著於一個標準：安靜的地點。此執著標準引領我們前往華盛頓特區大都會區最安靜的地點——維吉尼亞州的大瀑布市（Great Falls），這個城市的大部分地區仍然受限於兩英畝分區法，而且只有一條兩線道幹道通過，我們找到了安靜的城鎮，這絕對不是巧合，是根據我們訂定的標準來尋找的。我們的新房子將落腳此地，或許仍然座落於無尾巷裡，但絕對沒有交通嘈雜聲。

＊＊＊

需求不會突然冒出，我們尋求改變的動機也不是無緣無故地出現。現在，我們不僅更加了解自己的需求，也了解我們的問題如何演變成需求，接著便進入決策循環流程的下個階段。

四、調查階段

現在，我們要尋找一個解方了。我們拿著一張標準清單，開始搜尋解方。調查階段（investigation stage）可能涉及實際前往不同地點尋找相同的產品，例如，若你在挑選一輛車子，你可能決定要購買一輛福特金牛座（Ford Taurus），你的決策的第二步將是去何處購買，你可能會去幾家經銷商那兒看看，尋找你夢想的福特金牛座。

尋找一個安靜的住家

我們非常執著於這棟房子必須位於安靜的地點，因此，我們去看每棟房子時，都使用「聲音測試」。我們絕不在交通尖峰時段去看房子，車子接近房屋時，我們開啟所有車窗，關閉引擎，若聽到遠處似乎有車聲，我們連房子都不進去瞧了。只要有任何噪音，這棟房子我們連考慮都不會考慮。畢竟，這攸關我們的新居，我們的新房也許仍座落於無尾巷，但絕對不能有交通噪音，這一點，我們絕對不妥協。

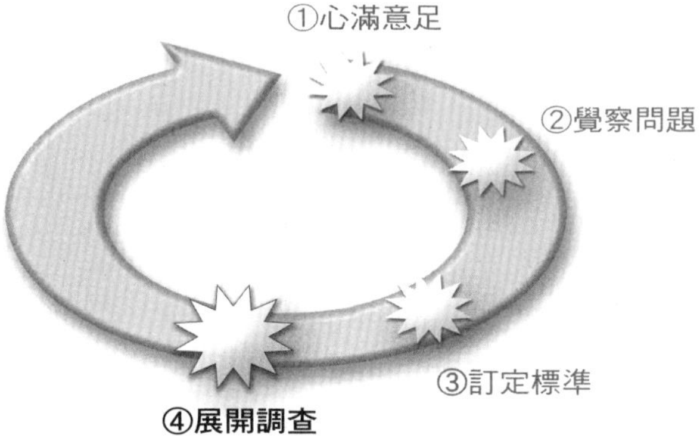

＊＊＊

我所追蹤、研究的決策個案中，有一些人自負地告訴我：「我買的是我第一眼看上的車子或房子」，我相信他們說的是實話，但我懷疑其邏輯，嘗到了這麼多經驗教訓和啟示後，我絕對不會再如此誇口了。就算第一選擇最終證實為最佳選擇，這多半也只是特例，通常，在調查階段做得愈徹底，購買者愈不會在日後悔恨自責。

經過多方調查與比較後，我們終於接近作出最後決定的時刻了。

五、選擇階段

現在只剩下採取行動了，在歷經漫長、有時令人

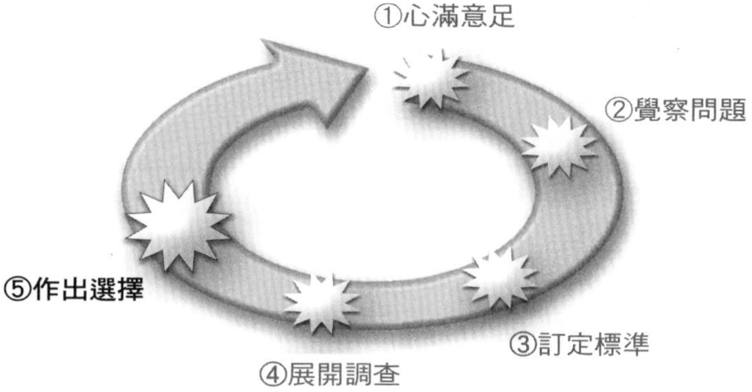

痛苦的過程，終於來到這時刻，當你要作出改變行動時，往往會感到興奮。實際研究人們如何作出選擇，你會觀察到，最終決定往往最輕鬆容易，在作出最終決定時，他們往往感到如釋重負，壓力突然抒解。

扣扳機

歷經數月搜尋後，我們買下新房。經過嚴謹的噪音檢驗，我們找到了一個新家，我們非常喜歡我們的新居。

***

關於選擇階段（select stage），其實沒多少可談的了，這堪稱是整個決策循環流程中最基本、最快速的一步。不過，你最好別得意過頭，因為你可

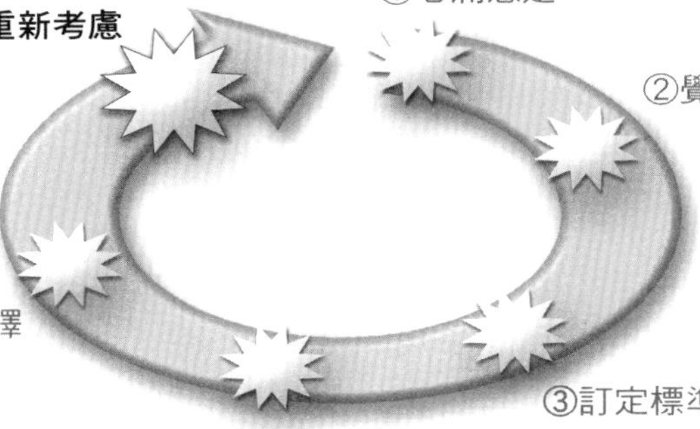

能不會在此階段停留太久，往往在幾個月後，我們又會進入下一個階段。

六、重新考慮階段

現在，我們朝向重新考慮階段，有時，這指的是購買者的後悔，此階段是無可避免的，問題不在於我們是否會歷經此階段，而是何時歷經此階段。

通常在短暫的後悔之後，我們再次展開決策循環流程，首先進入滿意階段，整個流程再次重複。

購買者後悔

買房子是大事，搬入新家後，頭一次聽到管線發出輕微的吱嘎聲，我動了疑念。但這是我們的房子，經過嚴謹的噪音檢驗耶，我們喜愛它！

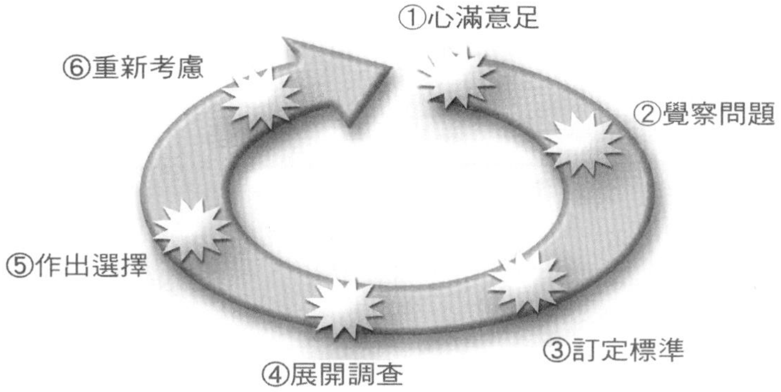

＊＊＊

不論什麼決策、什麼境況、什麼產業，購買決策都同樣歷經這種可重複、可預測的流程，只是過程細節稍有不同。因此，你能否成功改變他人的心意，影響其行為，並非只取決於你是否能運用各種技巧，還取決於你是否了解此人處於決策循環流程中的哪個階段，並運用適合的技巧來影響此人改變心意。當然，這是一個流動的流程，切記，此流程不會在某個階段停住。

流程繼續

我們搬進這棟位於大瀑布市的房子已有二十二年了，在這安靜、位於無尾巷的心愛住家裡，我們養育了三個小孩。現在，我們漸漸邁入人生的空巢期，意

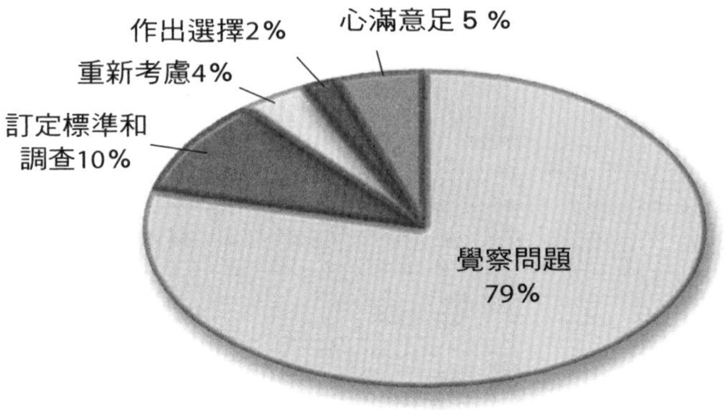

1. 在尚未迫切到去考慮一個解方之下，百分之七十九的受訪者承認他們察覺了問題，相當於平均每十人就有近八人處於此階段。不幸的是，這些人也承認他們還不想解決問題。
2. 百分之十的受訪者正在為他們目前的問題考慮可能的解方，若有解方，他們會接受。
3. 百分之五的受訪者很滿意他們的現狀。（若你認為這數字太低，難以相信，請暫時放下你的懷疑，我將在後文中告訴你，為何有這麼多人否認存在問題。）

謂我們即將採取下一個行動。我們這個安靜的家位於鄉間，當然，想要一個安靜的地點，就必須犧牲其他考量，鄉間地點的大眾運輸系統很有限，連購買最基本的生活必需品都得開車好一段路。此外，就算是普通程度的暴風雪，倒下的樹木也經常導致電力中斷。因此，我們的下一棟房子很可能會位在市區，讓我們能使用大眾運輸工具，早上起床後有時間去走一走，喝杯咖啡，房子裡很可能也有發電機。我確信那將會是一棟漂亮的房子，也許仍位於無尾巷，我們肯定還是會喜歡它……。

***

過去二十年，我持續對我的聽眾進行

調查，如今，人數已超過十萬。不論景氣好壞，不論解決方案具體與否，調查獲得的數字變動不會超過兩個百分點，如右圖所示，三個統計數字特別凸顯。

此流程之所以名為「決策循環流程」是有原因的，這是一個持續流動的循環流程，在學習如何改變他人心意時，了解這種改變流程可提供重要基石，因為此流程提供了重要的行為邏輯——當我們想影響他人的行為時，我們必須了解這個邏輯。這也使我想到本書後文將一再出現的一個重要疑問，在我們採取任何策略行動之前，我們必須思考的第一個疑問是：

「此人現在處於決策循環流程中的哪一個階段？」

〔練習2〕——辨察決策循環流程階段

當你想促成他人改變心意，在溝通互動中必然涉入對方心智的決策流程，才可能造成改變。而你是否相信：人們作決策時，經歷的是可重複，可預測流程呢？

1. 以生活中你最近作出的一個重要決定為例，試著檢視你所經歷的各個階段，與本章描述的流程如何？（附流程圖）

2. 在上述決策過程中，你曾否經歷時常發牢騷，但未做任何改變的階段？那段時間大約多長？如今回想起來，你的感覺如何？

3. 在決策過程中，你經歷的最關鍵時刻是什麼？為什麼你覺得那是關鍵所在？這與書中所說的「沙地上的界線」有何關聯？

4. 觀察一位最近打算購屋、買車、或是換工作的朋友，試用本章描述的內容來評估此人現在處於決策循環流程的哪個階段？

第3章 建立信任

如果你的最終目的是想影響對方，促使他作出改變，
建立信任是第一步，你必須：
(1) 詢問開放式問題；
(2) 認真傾聽；
(3) 瞄準你詢問的問題；
(4) 避免一開始就提及對方的問題。

HOW TO CHANGE MINDS

影響別人，始於信任，若無信任，任何其他技巧都無用武之地。我們能學習建立信任的技巧嗎？能。可有建立信任的流程？有。

關於信任：最古老的啟示

二十多年來，我到世界各地提供訓練服務時，常請聽眾幫助我了解：是什麼促使人們信任他人？我通常詢問他們：

請各位想想你信任的某人，或是你過去非常信任的某人，他可能是你的父親或母親、老師、同事、經理或其他人。告訴我，此人使你產生什麼感覺？

常見的回答包括：

- 他使我感覺重要。
- 她使我感覺有智慧。

- 他使我感覺他關心我。
- 她使我感覺她對我所說的話感興趣。

接著，我問：「請更進一步談談你提到的這個人」，常見的回答包括：

- 她很誠實。
- 他有同理心。
- 她很有趣。
- 他似乎很了解他述說的東西。

接著是最精采的部分，我再詢問一個問題，這個問題雖簡單，但人們的反應總是令我驚奇。我問：「請告訴我，他們實際上做了什麼，讓你如此信任他們？」大多數人聽到這個問題，幾乎愣住了，有些人甚至被激怒，他們通常會重複他們已經告訴我的：「呃，他們看起來就是值得信任啊！」

二十多年來，我一再看到人們難以回答這個問題，諷刺的是，他們尋求的答案不僅很簡單，而且幾乎每個人在人生的某個時點都會學到。儘管我們全都可能學到了，但我們似乎都忘記了。那麼，人人學到但快速忘記的是什麼？你想建立他人對你的信任嗎？那麼**詢問**，然後**認真傾聽**。

我的岳父

我永遠忘不了第一次和我太太羅妮的父親見面的情形。想當然耳，我很緊張，但羅妮一再地說：「你會喜歡他的，大家都喜歡他。」大家都喜歡他？也許吧，但這絲毫無助於抒解我的不安。

我們一見面，他就親切地跟我握手，我們便聊了起來。出乎我的意料，這是我和初次見面者的談話當中最輕鬆的經驗之一，我看了一下時鐘，難以相信我們已經輕鬆自在地聊了半個多小時。我得意揚揚地告訴羅妮：「天啊，妳說得沒錯，我真喜歡他！跟他談話真是太愉快了！」羅妮點點頭，露出微笑。

幾星期後，我再度和羅妮的父親見面，我們的交談依舊是那麼輕鬆寫意，我大概可以跟他聊上一整天！我再次告訴羅妮：「我好喜歡跟妳爸聊天！」這一次，我稍加留意她的反應，看到她轉動眼珠子。

我問她為何作出這種表情，她笑著說：「我知道你喜歡我爸，大家都喜歡他。你可知為何你會這麼喜歡他嗎？因為他從不說話，他都問問題，然後認真傾聽和回答。」聽完，我才仔細回想羅妮父親和我的談話，在我如此陶醉的這些談話當中，他完全沒提及自己的任何事，整個交談過程，他都是詢問跟我有關的問題，這些提問不僅使我喜歡他，也使我信任他。

***

我們與他人的溝通有三種形式：傾聽、詢問或陳述。我相信，你信任的那些人之所以贏得你的信任，根本原因在於他們詢問和傾聽。全錄公司所做的一項調查可茲證明我的直覺正確，約十年前，全錄發出五千份問卷調查給他們的客戶，提出以下這個簡單詢問：

基於我們只能以三種形式和您溝通（我們陳述、詢問或傾聽），可否請您就這三種溝通形式，排序您希望我們如何與您溝通？

顧客的回答著實令人驚訝，排名第一的溝通形式是詢問和傾聽，兩者不分軒輊，但真正令人吃驚的是，沒有一個顧客選擇「陳述」為他們想要的第一溝通形式！這結果令你驚訝嗎？其實，稍加思索，就不意外。試想，當一個人被問到他想要別人如何跟他溝通時，誰會回答：「我希望對方信任我，跟我見面，並告訴我所有關於他的事！」

在交談中，你自己少說點，讓對方多說話，他們就會愈喜歡你。

這是很顯然的道理，何以這麼少人在談話中側重詢問和傾聽？關於這點，有一些相關理論，但是我認為最根本的原因跟我們對知識的渴求有關。

知識之戰

若你想和某人（尤其是自詡有見識的人）起爭論，你可以告訴他，你覺得知識的價值被高估了，保證這句話會令那些自認為有見識的人氣得火冒三丈！

仔細想想，許多人在追求知識方面作出很多的投資，從托兒所、幼稚園、小學，一路讀到國中、高中，許多人繼續讀大學，取得學士、碩士，甚至博士學位。醫生學習為人治病，會計師學習平衡帳目，律師學習解讀法律……。

然後，我們進入了職場，多數人經歷的第一件事是追求全新種類的知識——我們的職務所需要的特定知識。許多職業需要我們透過教育，持續更新我們的職務知識。這些知識的累積得花上多年。

也因此，每當我在研習營上說：「知識？它的價值被高估了！」那些受高等教育者往往不以為然。

在你也對此嗤之以鼻之前，請思考一下，那些贏得你信任的人，以及你非常敬重的溝通者，他們贏得此崇高地位是因為展現了才智嗎？還是因為他們令你相信他們的行為考慮到你的最佳利益？我猜想，你信任和敬重的這些人懂得如何詢問與傾聽。

回想上一次和你溝通的某人，如何令你感覺自在愉快，進而使你相信他所提出的一個解決方案？試問，他之所以贏得你如此高度信任，是因為他向你傳達很多知識嗎？還是因為他詢問你問題，並傾聽你的回答？

我並不是說知識不必要，我的意思是這世上有很多聰慧的人，非常缺乏贏得他人信任的能力；換言之，知識固然必要，但效用有點被高估了。

愛因斯坦或我曾經說過：「想像力比知識更為重要。」（我很確定，這句話是愛因斯坦說的啦！）

關於信任：次古老啟示

現在，我們已經知道我們應該藉由詢問和傾聽來建立信任，奠定影響他人的基礎。可是，我們該詢問多少問題呢？該詢問哪些種類的問題？讓我向你介紹關於信任的次古老啟示：你必須學習**開放式問題和封閉式問題**這兩者的差別。我們首先來看這兩者的扼要定義：

開放式問題是不能以「是」或「否」來作答的問題。

開放式問題的效果是：

- 引導人們談話；
- 使有點過於含蓄沉默的人更開誠布公。

用以下用詞來提問，就會構成開放式問題：什麼（what）、何時（when）、請敘述（describe）、為何（why）、何處（where）、請告訴我（tell）。

封閉式問題是可以用「是」或「否」來作答的問題，提出這類問題並不是不好，但當你試圖建立別人對你的信任時，不適合問這類問題。

封閉式問題的效果是：

- 可以使健談、多話的人閉嘴；
- 可以確認或檢驗資訊。

用以下用詞來提問，就會構成封閉式問題：是否（are、did）、會不會／願不願意／能不能（will、would）、可不可以（can）、若是（if）。

詢問不是要你去審問或質問他人，而是要開啟談話。

在探詢時，必須小心，別連珠砲式地發射你的問題，也別使用過多的封閉式問題。要是你能觀看一場精采的法庭審訊，你就會明白我的意思——避免詢問封閉式問題，可以降低「引導證人」（leading the witness）的可能性。

與「信任」有關的基本概念，我們就談到這裡，不過，在劃下句點之前，我想請你做下面這件事——請仔細閱讀左框內的宣言並簽名，若你不認同此宣言，請寫電子郵件給我（rob@jolles.com），告訴我為什麼。若你認同，請承諾遵循此宣言，這麼做，你將會踏出學習如何建立信任和影響他人行為的重要一步。

宣言

從今以後，當我和某人談話，而且我想建立他對我的信任感時，我會多詢問開放式問題，讓對方作出表述。

簽名：

最終，人們不會記得你說了什麼或做了什麼，他們記得的是你給他們的感受。

別的可以不記得，但一定要記住這個

若你參加我主持的訓練研習營，你會聽到我說下面這番話：

在我們共同研習的這幾個小時或幾天，若你沒記住任何東西，我會要求你至少一定要記住這一點：不論何時，當你和某人交談，試圖影響他的行為時，切記在談話過程中多詢問與傾聽。若你能記住並做到這點，那麼，這將是你人生裡參加過的研習營中最有助益的一個。

當然，接下來，我會提醒你，針對如何有效影響他人這個主題，我們目前只搔著皮毛而已，後頭還有更多很棒的啟示。不過，我的這番話是認真的，若你能記住並做到以下兩個啟示，將會對你的人生有深遠影響：

1. 詢問與傾聽。
2. 了解開放式問題和封閉式問題的差別。

建立信任的四個A

你已經獲得了兩個最古老的啟示，接著，我們再來談一些別的啟示。不過，在此之前，我想先告訴你，這些啟示或許看起來簡單，但往往被忽略。不相信我說的？我曾參與一個背景相當雄厚的智庫，但我們竟然在過程中忽視了這些重要啟示。

沒有信任就無法產生影響

我仍然清楚記得，當年我協助建立第一個銷售流程時的情景——我們把所有能想到的東西都包含在此流程裡，不想有所漏失，我們一起整理出十六個步驟流程，納入每一種銷售技巧。但我後來發現，萬事俱備，只欠東風。的確，所有銷售技巧都囊括在內了，卻獨獨欠缺了最重要的要素：建立信任。

嗯，我們談到信任，也說了有關信任的故事，但我們沒有在已經建立的銷售流程中，教導如何建立信任（而且要是可重複、可預測的步驟）。我們認為信任是既定的，是再明顯不過的東西，是一種直覺。

我們真是錯得離譜啊！我們建立了一個很棒的流程，該做的每一步都提到了，就是沒有提到第一步。遺憾的是，沒有信任，流程的其餘步驟都是枉然。最終，我們得回頭修改流程。至今回想起來，我仍然難以置信我們竟然漏掉這個關鍵步驟，我們怎能假定信任容易贏得、是直覺呢？沒有信任，就無法產生影響。

謹記下文敘述的四個A，你就能走上建立信任和影響他人行為之路。

個案研究

在探討改變心意及行為所涉及的種種流程時，我認為提供個案研究將有助於了解流程步驟和追蹤相關反應，以下是第一個案例。

案例：迷途的摩托車騎士

信任的藝術

背景：妳的先生很愛他那台摩托車，多年來，妳試圖勸他讓那台老爺車退休。

技巧：妳不斷想起一位朋友的話：「摩托車騎士有兩種，一種是已經深陷得不可自拔，另一種是漸漸陷入。」妳非常想要改變妳先生的心意，讓那台老爺車退休，但截至目前為止，你們的談話總是以沮喪和憤怒收場。

詢問開放式問題（Ask Open Questions）

我經常見到彷彿推理遊戲「二十個問題」的談話（譯註：Twenty Questions 為一種以封閉式問題來探詢和推理的遊戲，玩法是：甲挑選一項東西作為答案，乙開始以提問方式來推理此答案，乙探詢的每一個問題，甲只能回答「是或不是」、「能或不能」、「可以或不可以」、「有或沒有」……，以據此來推理），我敢打賭，你也見過這種交談。前文已經解釋為何要詢問開放式問題，以及如何詢問這類問題，你的目的是要建立他人對你的信任，切記，在此重要時刻，你應該要詢問開放式問題。

我所聽過的最佳問題

最近，我和結識二十多年的好友布巴交談，他是我所見過最優秀的業務員之一，我們談到，詢問什麼問題有助於建立人們彼此之間的信任，幫助我們更加了解他人。布巴告訴我一個我聽過的最棒提問。

我們知道，若要使用詢問問題的方式來建立信任，一開始的問題很重要，所以，下面這個問題的簡單性與成效深得我心：「**人人都有故事，你的故事是什麼？**」

詢問這個問題將引導出的回答內容，恐怕會令你大為驚奇。這個問題的回答可能立即提供一扇窗口，讓你一窺此人的個性（端視其回答內容的深度而定）。此外，這個問題的答案，可能透露此人鮮少告訴他人的資訊。事實上，人們想述說他們的故事，問這個問題，完全沒有威脅性，對方可以視本身的自在程度來決定回答內容的深度。

下一回，當你想要了解某人、想要開始建立別人對你的信任時，不妨詢問對方這個問題，然後認真傾聽，他會述說什麼，這因人而異，但可以確定的是，談話結束時，他對你的信任將會加深。

認真傾聽（Actively Listen）

現在，你準備詢問開放式問題了。不過，若你不傾聽對方的回答，那麼詢問再高明的問題也沒有用。而且不能只是傾聽，而是要認真地傾聽。

我指的不是一路茫然地點頭、過早提出解方、煩躁不安、心不在焉地塗鴉、收發簡訊、作出反駁或相反的論述，或是查看你的手錶。我說的是眼睛正視對方、專注，作筆記，全神貫注地認真傾聽。

大多數的專家告訴你，為了改進你的傾聽技巧，你應該做什麼；我想逆向思考這個課題，告訴你不應該做什麼。

幾年前，我參加一場以傾聽為主題的研討會，一位主講人列出一些應該避免的習慣，令我深感興趣。我喜歡從這個角度切入，也很認同這種方法，於是我決定要自行調查。我花一年時間，在我主持的研討會上對聽眾進行調查，看看他們從別人身上觀察到的最令人反感聽話習慣是什麼。以下是我得出的前十大惡習：

1. 打斷我的話。
2. 眼睛不正視我。
3. 在我說話時查看電子郵件或簡訊。
4. 在我還未講完我的論點之前，就搶著說他們的看法。
5. 看起來心不在焉或不感興趣。

6.面無表情。

7.把我說的任何內容都轉變成跟他們有關的內容。

8.在我說話時去看他們的手錶。

9.詢問的問題，我剛才已經給了答案。

10.看周遭事物，不看我，一望即知分心。

我一直都很喜歡這份清單，因為藉此我們獲得良好傾聽習慣的藍本。傾聽非常重要，我指的是全神貫注的傾聽，這不容易做到，而且與普遍想法相反的事實是，傾聽絕對不是一種本能行為，必須修練心智，才能做到認真傾聽，一旦做到，效益驚人。

瞄準你詢問的問題（Aim Your Questions）

當你希望影響他人時，你必須先釐清你的最終目的是什麼。這聽起來好像很容易，其實不然，我認為這是學習如何影響別人最具挑戰性的部分。所謂「瞄準你詢問的問題」，我指的不是詢問那些試圖營造融洽氣氛與關係的問題，例如：「你今天還好嗎？」、「你昨晚有看那場球賽嗎？」而是瞄準你的最終目的，詢問問題，讓對方陳述與描繪。

詢問這樣的問題，有其策略性目的。別忘了，我們不僅要建立對方對我們的信任，還要為「改變」奠定基礎。在學習瞄準你詢問的問題時，你必須有一個想要詢問的「標的」，並牢記在心，把你們的談話朝此推進。

從知道你的目的開始

多年來，我為許多公司主持研習營，我最喜歡的研習營之一是在豐田汽車公司（Toyota）舉行的。我永遠忘不了和此客戶初次會面的情景，加州豐田大學的高階主管請我去出席一個會議，他們要選出幾個為他們主持訓練研習營的顧問公司。

通常，走進類似這樣的會議室時，我並不會怯場，但那天，我倒是有點畏怯。我首先談到影響的藝術，強調必須詢問瞄準目標的問題，因此必須清楚了解談話的目的。接著，我問到一個令他們困惑、幾乎考倒他們的問題：「路上有這麼多品牌的車子，請問，當你們的潛在顧客走進你們的汽車展示廳時，你們希望他們想要什麼？」

整個會議室鴉雀無聲，我有點結結巴巴地補充說明：「嗯，我之所以問這個問題是因為，我若不知道我想要有怎樣的結果，我就無法展開影響流程。」大家仍是一臉茫然，終於，一位最高階主管開口：「可否給我們幾分鐘思考要如何回答你的問題？」

有人領我走出會議室，我有點沮喪，心想我竟然把和這麼一個大客戶合作的機會給搞砸了。幾分鐘後，他們把我叫回會議室，有人交給我一小張紙，上頭寫著豐田這家汽車製造公司的三個獨特強項，我抬起頭，露出微笑，說：「好極了，有其他人知道這紙上寫什麼嗎？」大家搖搖頭，我說：「好，我們就從這裡著手。」

兩天後，他們跟我簽約，我從此和豐田保持合作關係至今。

避免一開始就提及對方的問題（Avoid Problems）

若此人無意矯正他的問題，他會承認自己有這個問題嗎？許多人會否認他們有必須矯正的問題，所以你應該避免在交談的一開始就提及對方的問題。以前述摩托車個案研究為例，你想在談話中建立對方對你的信任，試想，若你一開始就問對方：「當你騎上你的摩托車，你難道不擔心嗎？」對方將如何反應？

這樣的詢問，會令對方覺得你試圖影響他騎摩托車的行為，他大概會這麼想：

我擔不擔心？呵，若我回答會，我們的談話就會沒完沒了，而且我可能還得作出什麼承諾。我才不管我擔不擔心，我就是不想扔了我的摩托車，我只知道我現在什麼都不承認！

於是，對方會回答：「不擔心」。接著，他大概會編個藉口或撒個謊來解釋為何他不想作出改變。更糟的是，這個謊言是你引發的。

你本身可能也撒過不少這種謊吧。在這個階段，你的目的是要建立對方對你的信任，避免一開始就提及對方的問題，才會有助於你贏得對方的信任。若你的最終目的是想影響對方，促使他作出改變，建立信任是你必須先奠定的基礎。

你需要使用一個流程來建立信任，這流程結合了古老的啟示和一些更仔細的提醒：(1)詢問開放式問題；(2)認真傾聽；(3)瞄準你詢問的問題；(4)避免一開始就提及對方的問題。這雖不是什麼完美的科學，但每一步都是重要的提醒。

案例：迷途的摩托車騎士

應用建立信任的四個A

需求：你想建立談話對象對你的信任感。

技巧：建立信任的談話技巧包括：詢問開放式問題；這些問題要瞄準你的解決方案的某個或某些優點；避免一開始就提及對方的問題；認真傾聽。

例子：

「你通常騎哪種路？」

「你通常在怎樣的天候下騎摩托車？」

當你想影響某人去做某件事時，若對方不信任你，不相信這件事對他有益，那就沒辦法繼續進行下去。若不了解人們作決策時歷經的流程，你在運用技巧時就無邏輯可循。若是缺乏信任，就缺乏改變他人心意的適當氛圍。建立好信任基礎後，我們接下來就可以朝前邁進，加入必要步驟，展開下一步行動。

下一步，就是要營造急迫感了。

〔練習3〕——善用詢問與傾聽建立信任

影響別人，始於信任。若無信任，任何其他技巧都無用武之地。最終，人們不會記得你說了什麼或做了什麼，他們記得的是你給他們的感受。

1. 請想想你信任的某人（或是過去曾經非常信任的某人，可能是你的父母親、老師、同事、經理或其他人），請問你對這個人的感覺是什麼？可否多說一說你提到的這個人，同時談一談他們實際上做了什麼，讓你如此信任他們？

2. 用你自己的話，說說看：什麼是開放式問題和封閉式問題？開放式問題會帶來哪些效果？封閉式問題的作用又是什麼？

3. 本書作者認為建立信任的流程步驟如何？其中最要注意的是？

4. 找一個你認為可以彼此信任的工作夥伴或是好朋友，聊聊你們之間的關係，問問對彼此的感覺如何？這樣的感覺如何形成？有沒有印象深刻的特別事件發生過？在這個信任關係建立的過程中，你們分別做對了哪些事？

5. 試著從上例整理出你的建立信任流程步驟，對照作者所提出的流程有何相同及相異之處？你覺得哪些部分本書說得有道理？哪些部分你並不同意？想一想，如果眼前有個你希望建立信任的對象，你打算如何運用？

第4章
改變心意的藍圖

現在你已經贏得對方的信任，可以開始談論對方的問題，營造急迫感，說服對方作出改變，這一連串的詢問可區分為三步驟：

步驟1：辨識問題；

步驟2：深入探詢問題；

步驟3：研判問題的衝擊力。

HOW TO CHANGE
MINDS

影響始於信任，但若無急迫感，影響之路也走不下去，所以，欲學習影響的技巧，你必須學習營造急迫感的技巧。還記得前文提到的嗎？十五年的研究告訴我們，平均每十個人當中有八個人覺察他們面臨問題，但他們就是不想對問題採取任何行動。

下面這句話，我只說一次：若你想熟稔本書所教的任何技巧，那就請你熟稔這一章所教的技巧。這句話的意思很明顯，我即將探討流程中最重要的部分，不過，儘管我認為這些技巧非常重要，仍然得在此聲明，這些技巧可能會引發一些情緒和感覺。影響與操縱之間的危險分界線，就落在此處。

現在，我們來到了十字路口。能夠促使當事人從了解自己有問題，邁向想要對自己的問題採取實際行動，才能真正影響當事人；無法做到這點的人，或許能夠在某些事項上成功，但一旦處於需要運用影響技巧的境況時，就會陷入困難掙扎。你也許會覺得我這麼說有點偏激，但我真的想不出生活中有哪一個角色不需要使用到一些影響能力。學習不操縱他人的影響技巧，這是最困難、最富挑戰性的部分，但我相信，學習此技巧將使你終身受益無窮。

案例：理財嗜好

改變他人心意的藍圖

背景：你是一名財務分析師，截至目前為止，已經和這個客戶會面兩次了，兩次談話似乎都進行得很順利，但這位客戶最後都說：「讓我考慮看看。」這個客戶把理財當成更像個嗜好，而不是可能改變生活、有長期潛在利益的事。他對於退休和三個小孩的教育責任有他的美好幻想，可是，你向他提出的每一個解決方案，他都猶豫不決，一再拖延。

需要作出的改變：你想要他克服害怕改變的心理，並對他的財務狀況營造急迫感。你非常清楚他目前走的路——跟風炒股票——終將為他帶來不幸，今天，你想改變他的心意。

仔細閱讀本章內容，並立即開始應用你學到的東西，你將能成功改變他人的心意。在學習如何建立他人對你的信任感時，你學到要儘可能地避免在一開始就提及對方的問題；可是，在學習如何營造急迫感時，恰恰相反，因為此時你已經贏得對方的信任，可以開始談論對方的問題了，現在，你必須說服他作出改變。

操縱他人者向對方述說他們的問題；影響他人者讓對方自己述說他們的問題。

欲營造急迫感，可以依循一個可重複、可預測的流程方法。不意外地，這流程涉及詢問，而且是詢問很多的問題，這一連串的詢問可區分為下述三步驟。

步驟1：辨識問題

我把這類問題稱為「辨識性探詢」（identifying probes），這是必要的第一步，對方必須先了解或承認他有某個問題，才有謀求解決的必要性。這可能不容易，多數人不會向他人承認自己有問題，尤其是當他們認為自己的問題輕微時。就算他們承認自己有問題，他們也往往害怕他們將必須對問題採取行動。

不過，一旦建立了信任感，倘若對方真的有問題，他們就不會再那麼猶豫於承認了。問題是，他們往往不了解自己問題的嚴重程度或潛在嚴重性，許多人不願意承認問題的嚴重性，僅僅是因為他們從未仔細思考和分析問題。

案例：理財嗜好

辨識性探詢

需求：你已經建立了這個客戶對你的信任感，現在，你要讓他認知到他的潛在問題。

技巧：此前，你詢問的是信任導向的問題，現在，在辨識探究時，你必須提出問題導向的詢問。

例子：「當你在金融市場上採取一些更積極的行動時，你遭遇什麼挑戰？」或者「對於你缺乏時間，無法在作出一些決策之前進行充分周詳的調查，你擔心什麼？」

在此步驟，你同樣得詢問開放式問題。此外，你正開始涉入會引發對方恐慌的高度敏感地帶，因此，切記別讓對方覺得你在干涉、逼迫他。

反對，庭上，這是在引導證人！

若你想了解「小心翼翼地辨識探詢」和「使用開放式問題」這兩個概念，不妨觀看優秀的訴訟律師在法庭上的表現。優秀的訴訟律師在交叉詰問證人時，不會直接切入主題，他會策略性地鋪陳許多疑問，小心翼翼地進入主題。但縱使進入主題後，你也不會聽到他如此詢問證人：「事實是你不負責任，不是嗎？」或是：「你難道不認為，是因為你未盡應盡的責任，疏忽所致？」因為這樣的詰問會引發對方的辯護律師抗議：「反對，庭上，他在引導證人！」

法官通常會同意這樣的抗議成立，詰問的律師必須撤銷前述問題，或是改述，例如：「強生先生，請你說明你進入屋裡後做了什麼？」

諷刺的是，作出抗議的律師其實是在幫助對方律師，提醒對方律師改用開放式問題，而開放式問題將會取得更多可供探詢、查證的資訊，證人也可能迷途進入他未做好回答準備的問題。

詢問開放式問題，你有很大的機會讓你們的談話開始朝向正確方向，但有另一個你必須避免犯的錯，那就是使用「問題」（problem）這個字眼，人們很討厭這個字眼。你可以用以下用詞取而代之：憂慮、挑戰、阻礙、困難、障礙、麻煩、不滿意、限制、議題。

用這些字眼取代「問題」，令對方感到較自在，也比較容易使他辨識或承認自己有問題。有時候，人們需要被輕推一下。

操縱他人者總是用自己的陳述來逼促對方，告訴對方他可能存在什麼問題；影響他人者透過探詢來輕推對方，讓對方自行發現自己可能存在什麼問題。

這「輕推」涉及再詳加說明此人的問題，雖然，我偏好不使用這一步，但有時有其必要，因為有些人寧願等到問題真的發生了，才來處理，這並非反映此人頑固拖延，逃避而不思考嚴重的問題，這是人的天性。在需要「輕推」對方時，你可以使用這個問句：「若是……，會怎樣？」（what if）。

案例：理財嗜好

若是……，會怎樣？

需求：你想把你們的談話推進至討論一個可能發生的問題。

例子：財務分析師：「當你在金融市場上採取一些更積極的行動時，你遭遇了什麼挑戰？」

客戶：「沒有，截至目前為止，我還未曾被自己所作的任何決策損害過。」

財務分析師：「若是這些產品當中的一項出了大問題，會怎樣呢？」

客戶：「噢，那會是個麻煩，因為我仰賴這些錢。不過，嗯，……」

等待電話響起

在擔任壽險業務員的近三年間，我的電話總共響過兩次，第一次響起時，我非常興奮，第二次響起時，我詢問對方：「醫生今天怎麼跟你說的？」

當一個人的「若是……」已經變成事實（what is）時，不需要天才，只需要運用影響技巧，就能促使此人作出改變。你當然可以詢問某人他對於自己的健康有何擔憂，但別驚訝於他會作出這樣的回答：「我一點都不擔心，我健康得像匹馬呢！」此時，你就需要使用「若是……，會怎樣？」的輕推技巧了。

當然，切勿過度使用「若是……，會怎樣？」這句話，別讓你詢問的問題聽起來都是以相同的字眼開頭。諷刺的是，真正拯救對方的，往往是「若是……，會怎樣？」的詢問句。

學習影響技巧的目的是要保護他人，防止「若是……，會怎樣？」的情境變成事實。

好，我們已經辨識出我們想要影響的這個人心中的憂慮了，接下來呢？嗯，我可以告訴你，百分之九十九的人此時就會直接切入解決方案，因此：

客戶：「唔，那會是個麻煩，因為我仰賴這些錢。不過，這並不是我的所有積蓄。」

財務分析師：「噢，要是我們合作的話，我想，你首先會欣賞的東西之一是我們使用的資產分配模型，此模型可以讓我們在平衡你的資產組合的同時，也追蹤市場領導者……。」

若你服務於金融業，或是和這個產業的專業人士商談，你或許熟悉這番話，但是，我可以向你保證，說這番話並不管用。

真正的問題是，不論你想要影響的這個人關切及憂慮什麼，他的關切及憂慮並不會減少或停止。此外，那些試圖影響他人者往往在對方了解或承認自己有問題後，就立即想要直接切入解決方案，這種誘惑與衝動就好像老鼠被捕鼠器上的起司引誘一般。不論是哪一種情境，如此直接切入解決方案的做法多半不會有好結果。

事實上，在此時試圖直接提供解決方案或矯正此人的問題，往往導致對方缺乏急迫感。當我們作決策時，倘若涉及了金錢價值，那麼價值往往是左右決策的主要因素。但事實是，繼續與問題共存，拖延而不處理問題，我們往往會因此付出代價，但這種非金錢的代價往往被忽視。

以這個理財例子來說，代價可能是其他家庭成員的生活受到影響和改變，或是導致夫妻之間不斷爭執與不快。沒有急迫感，一再拖延問題的最後一個代價是，最終喪失改變的可能性與機會。所幸，流程的下一步就是要應付這點。

步驟2：深入探詢問題

這一步不容易，也非憑本能就可以做到，可惜，很多試圖影響他人者在此處失去了影響機會。在使用辨識性探詢幫助對方了解或承認他有問題或擔憂後，你往往會向前推進，通常是立即提出解決方案。但是，想要有效影響對方，你必須停留於原地，你必須詢問更多更深入的問題，我稱這類問題為「深入性探詢」（developing probes），亦即對辨識出的問題作進一步探究，繼續對此問題作出更多詢問。

人們通常不想多談他們的憂慮，但若我是試圖影響他人者，我會設法使他們多談談他們的憂慮。人們通常會避而不想某個問題可能造成的長期影響，但若我是試圖影響他人者，我會設法使他們去思考相關結果。人們通常害怕去思考「若是……，會怎樣？」但若我試圖影響他人，我絕對會設法引導他們思考這種情境。若重大問題已經發生，當事人就不再需要別人的影響了，此時，幫助已經太遲了，你只能協助收拾殘局。

「深入性探詢」技巧可以簡述如下：你必須對你想影響的對象有更多的好奇心，在辨識出其問題或憂慮後，別讓他逃離！停留於原地，保持你的好奇心，繼續探究。

案例：理財嗜好

深入性探詢

需求：你已經和你想影響的對象辨識出他的問題，現在該進一步研究此問題。

技巧：為使此人了解這個問題的大小與嚴重程度，必須使用深入性探詢。

辨識性探詢：「當你在金融市場上採取一些更積極的行動時，你遭遇什麼挑戰？」

深入性探詢的例子：

「截至目前為止，你已經賠了多少錢？」

「你原本打算用這筆錢來做什麼？」

「然後呢？」

由於深入性探詢必須延伸談話，這些談話未必要使用特定用詞來引發，因此很難在此列舉深入性探詢問題使用的關鍵字。切記，你只是在試圖延伸你們的談話。

有疑問時，就詢問：「然後呢？」

有一次，我在阿拉巴馬州伯明罕市主持一個訓練課程，我從其中一位學員身上學到一個非常棒的啟示。那天，課程結束後，他自願載我去機場，就在途中，我學到了這既簡單又寶貴的一課。他相當禮貌地感謝我教他的東西，接著，他告訴我：

在上你的課以前，我向來使用自己的方法，這方法也許不如你的方法好，但非常簡單，只有一個步驟。每當我在銀行工作，有人告訴我他們有問題時，我總是接著問：「然後呢？」

＊＊＊

我並不是說這個方法適合每一個人，但這是我在試圖影響他人時使用的技巧之一。當你不知該如何使用深入性探詢時，或許可以想起這位學員的方法，這是我所聽過最簡單的深入性探詢。下面還有一些或許可用於不同境況的詞語：反應、回應、感覺、連結、關連、想法、然後、告訴我更多、答覆。

我們可以等待一個問題最終傷害某人，或者，我們可以儘早與他討論此問題。

這些深入性探詢可能使當事人感到不安，就某種意義而言，一個問題的存在象徵一個創傷的存在，創傷造成的痛苦愈大，此人愈接近對問題採取行動。所以，我懇求你，別急於對這創傷貼上膠布，亦即別急於告訴對方該如何解決他的問題，再多詢問更深入的問題，讓他更了解問題的後果。

在我看來，影響的藝術好比職業拳擊賽（我會尋找較溫和的類比，但現在暫且容我使用這個類比吧），想想看，兩個相當不錯的拳擊手競賽的頭幾回合是什麼情形呢？我是拳擊迷，我可以告訴你，第一回合往往被稱為「試探性回合」：研究你的對手，試著找出你的最佳對打策略。

當你試圖影響他人時，早期階段的情形如何呢？你一開始詢問的信任導向問題就好比試探性回合，讓你有機會去找出你的最佳影響策略，估量你的揮拳要落在何處，以及如何揮拳。

在職業拳擊賽中，幾回合後，場邊的助手或教練往往會告訴其拳擊手：「可以揮出重拳了！」基本上，這是在告訴拳擊手，運用他從試探得知的資訊，揮出更具實質性的重要幾拳。當然，這麼做一定會引起對手的注意。

當你試圖影響他人時，這就是你應該採取的做法——作出有重要意圖的探詢，此即第一步的辨識性探詢。這些問題不容易回答，且往往使你想影響的對象感到不安，但絕對會吸引對方的注意。

當你試圖影響的對象承認他的問題時，此時可不是過分拘謹的時刻，別忘了，你應付的對象往往是一再拖延而不作出改變的人，他會一拖再拖，直到他逃避的問題爆開，此時往往太遲了。若你相信你想影響對方作出的改變是正確的、是對他有益的，你就不能怯惴於去詢問更棘手的問題。

步驟3：研判問題的衝擊力

你已經有技巧地使用更能顯示問題潛在規模與嚴重程度的深入性探詢，使你意圖影響的對象更加了解他的處境，接下來該作出最後的詢問了。

這類衝擊性探詢（impact probes）問題讓你想影響的對象能深思其問題大貌。簡言之，辨識性探詢讓此人認知到他有問題，深入性探詢使他了解問題的潛在嚴重程度，衝擊性探詢則是幫助當事人了解問題的最終後果。以下是衝擊性探詢可能使用到的一些用詞：後果、影響、結果、衝擊、導致、反彈、旁生枝節、作用、牽連。

每個人有自己的風格，可以調整這些詢問，但請記住，在當事人決定矯正問題之前，不論你有什麼解方腹案，對方都不會怎麼感興趣。

操縱他人者總是口沫橫飛地述說：若不採行他們的建議將導致什麼衝擊；影響他人者用同理心傾聽當事人述說：若不解決自己目前的某個問題，將會產生什麼衝擊。

幫助某人研判其問題的潛在後果與衝擊，可能是件痛苦的事，我理解這種左右為難，人天性傾向試試運氣，冀望自己的問題不會變得更糟。事實上，當你試圖影響他人行為時，你有兩個基本選擇：你可以等待當事人的問題爆炸；抑或在問題爆發之前，和當事人討論此問題。若你相信你試圖影響當事人作出的決策於他有益，那麼你有時必須不畏困難或不愉快。

所有人都會遭遇這樣的絆腳石，但有時候，我們必須詢問可能導致痛苦的問題。別因為這種一時、短暫的不舒服而卻步，你必須相信這麼做對當事人有更長遠、更重要的益處。

是壞心腸，抑或是仁慈？

我不想在此巧言粉飾，在意圖影響他人改變行為時，最富挑戰性的部分是詢問對方更困難的問題，這些詢問有時被稱為「痛苦」的詢問。最終，成敗往往取決於一件事：你能否在不製造衝突之下製造對方的痛苦？

我收到一個我很尊敬的前客戶寄來的一封電子郵件，她說她不久前成功地對一個顧客詢問了一些「痛苦」問題，這個流程，迫使她的這個顧客檢視他抗拒改變的行為當中，最困難的層面，但這使她：「感覺自己有點壞心腸」。

這幾個字使我停下手邊工作，深吸了一口氣，在那一刻，我必須承認，我對不起這客戶，我沒有教她最重要的一課：當你迫使某人回答一個困難的問題，令對方感受到未採取行動的痛苦時，你並不是壞心腸，並不是在挑釁，你其實是富有同理心。

我堅信，這是你對他人所能展現的最仁慈行為之一。我們全都見過在家庭生活或職場上陷入掙扎的人，我們想要幫助他們，我們可以提出很棒的建議，告訴對方應該做什麼，這是很舒服自在的談話，但永遠不會讓他們改變現況。最終能夠使你達成目的的是較困難的路：硬下心腸，詢問對方較困難的問題。

當人們和配偶吵架時，詢問他們的孩子在何處，或許會令他們難過，但讓他們思考並回答此問題，很可能抒解這對夫妻的衝突。當人們被問到，若他們不支持公司的一項命令，可能會對這位滿懷樂觀與希望的新任經理造成什麼衝擊時，這番詢問可能令他們難受，但讓他們思考並回答此問題，很可能會挽救一個人的飯碗。

影響他人的流程並非只靠技巧就能做到，還得結合同理心。你必須相信，你要詢問對方的困難問題其實是出於對他的同理心，深信促使當事人思考這些問題對其有益，這樣你才能成功影響對方；你能成功影響對方是因為你展現了對他的關心。當你詢問當事人困難、痛苦的問題時，絕對不是壞心腸，你應該視此為慈悲，很可能改變此人的生活。當你想到許多人因為自己不能作出艱難的決定而忍受不幸時，你就會看出，用這些詢問來幫助他們正視問題，其實是仁慈之舉。

若你能跨越這座橋，並且相信你所做的事，最終，你會做到許多無法做到的事：拯救。你訴諸方法與勇氣，去拯救人們或其飯碗，你將改變他人的生活，你將幫助人們克服害怕改變的心理，揮別過去，邁向未來。做這樣的事，絕對不是壞心腸，恰恰相反，這是仁慈，是你應該深深引以為傲的事。

絕對不要說別人的小孩長得醜！

切記，「有幫助」和「惹人厭」往往只有一線之隔，一不小心，你可能就會向對方吐露你認為他有什麼問題，而且你想影響他，這等於是在嫌棄他的小孩長得醜！這個流程的各步驟及詢問的問題，旨在讓當事人自己去辨識與省思他的問題，運用有技巧的探詢，引導對方自行去找到解答，不是更好嗎？

像心理治療師那樣思考

你最近一次去諮詢心理治療師是什麼時候？我本身從未諮詢過心理治療師，不過，我猜想，優秀的心理治療師在為你提供諮詢服務時，也使用到本書提及的許多概念。

我們先來談談你第一次去見心理治療師的情形。優秀的心理治療師通常不會一開始就跟你握握手，面帶微笑、開門見山地問道：「你今天覺得你有什麼問題？」在問此問題之前，他得先打好基礎。他必須運用策略——詢問開放式問題、認真傾聽、瞄準你詢問的問題、避免一開始就提及你的問題，優秀的心理治療師首先遵循此策略，建立你對他的信任感。

贏得信任後，他才會開始透過探詢，小心徐緩地朝你的問題前進。這過程中不會有大量的猜測，因為在贏得信任的同時，他也在收集你的資訊，試圖辨識你面臨的挑戰或困難。

最重要的是，優秀的心理治療師之所以與眾不同，在於他並非只會成功地發掘你的問題（在來見他之前，你或許已經告訴過很多人你有這方面的問題），他還避免立即且直接地切入「解決問題」這一步，他會詢問更多的問題，以幫助你和他更加了解問題。

有趣的是，我敢打賭，大多數優秀的心理治療師在你椅子還未坐熱、尚未感到自在之前，就已經相當清楚你的問題是什麼了。我相信他們大可逕自處理問題，告訴你該怎麼做，但你認為若他們這麼做，能幫助你發掘你不知道或未覺察的事嗎？或者，能有效促使你顯著改變行為嗎？當然不能！

我們不需要把這種流程想成是挑釁或惡意的談話，我們可以把它想成像是和心理治療師的談話（但我們通常並不這麼想，這實在令人遺憾）。

這三個步驟中的每一個探詢，目的都是想使當事人更深入其問題，「因為少了一根釘」這個諺語可茲闡釋此道理。這個古老諺語有各種版本，可遠溯至一四八五年時的英格蘭國王理查三世，以及一七五八年時的班傑明・富蘭克林（Benjamin Franklin），我使用此諺語超過二十年了，因為它精確地詮釋了我想教你的一課。

因為少了一根釘

少了一根釘子，丟了一塊蹄鐵；
丟了一塊蹄鐵，損了一匹坐騎；
損了一匹坐騎，傷了一名騎兵；
傷了一名騎兵，失了一個訊息；
失了一個訊息，敗了一場戰役；
敗了一場戰役，輸了一場戰爭；
輸了一場戰爭，失了一個國王。
歸根究柢，皆因少了一根釘子。

人們不思考他們的問題導致的影響，若是思考，就會在生活中作出不同的決策。你必須學會使你想影響的對象，能更深入檢視與思考他們的問題，使用辨識性探詢、深入性探詢，以及衝擊性探詢，能幫助你做到這點。

企業租車公司和維尼車

我從來都不喜歡大車，開大型車就是令我感覺不對勁，可是，有一天，我飛抵紐約州首府奧爾巴尼（Albany），前往企業租車公司（Enterprise Rent-A-Car）櫃檯取我預租的小型房車時，一張友善的面孔迎上來接待我。他名叫維尼，身為有二十五年銷售訓練師經驗的我，很自然地預期他會和我來上一段談話。

面帶微笑的維尼查了一下我的預訂租車資訊，手上拿著我的駕照和信用卡，我們開始了租車流程，當然，我預租的是一輛小型房車。

維尼先和我寒暄了一下，接著問了一個無傷的問題：「喬利斯先生，您要開車前往何處？」我給了一個無傷的回答：「我要前往阿德隆達克斯山脈（Adirondacks）的基尼谷（Keene Valley）主持為期三天的銷售訓練課程。」我似乎看到維尼臉上閃過一抹微笑，嗯，也許只是我的想像吧。

「喬利斯先生，您查過天氣預報嗎？」當然有啊！（我的商務飛行里程數已經超過兩百萬英里了，還寫過一本有關旅行的暢銷書呢！）一個自認旅行經驗豐富的人，怎麼可能沒查過天氣預報就上路呢？我能覺察這段談話的可能走向，但我不會為之所動。

「有啊，維尼，我查過天氣預報了，不過，你為何問這個呢？」維尼收起臉上的微笑，換上真誠的表情，顯然另有主張：「因為天氣總有變化，我想，您或許想租輛大一點的車子，例如四輪傳動的車。」

這孩子別想贏過我，我查過氣象預報了，除了可能下雨，沒別的了。不過，在此同時，我也很好奇，於是，我們談到了價格，四輪傳動的大車租金明顯高於我預訂的小車，但維尼的關心似乎頗為真誠，他說可以把租金稍降一點，可是，我仍然不為所動。接著，維尼問了一個問題，使我停留在原地，這個問題很簡單，但高明，他鎮靜地問我：「若是天氣變了呢？」

我有點愣然地看著他，他繼續說：「嗯，我問這個問題是因為我生長在奧爾巴尼，對阿德隆達克斯山脈很熟悉，對基尼谷也很熟悉，那裡的天氣有時變化很大也很快，喬利斯先生，萬一在您停留期間，天氣變了呢？」

我楞了一下，維尼又說了：「您來回都得開上一百多英里，您想，萬一天氣變了，開著小車，對您的這趟行程和接下來的行程會有什麼影響？」我不僅擔心開小車的安全性，還考慮到得趕回去觀賞我的女兒的一場表演，那是晚上舉行的一場表演，我從未錯過她的演出，準時回到奧爾巴尼，趕上飛機，這很重要。於是，我告訴維尼，我改租大一點的四輪傳動，商議完租金後，便驅車前往阿德隆達克斯山脈。

哎，天氣真的起變化，下起雪來，連下了三天，下雪量達十六至二十英寸，但絲毫沒能困住我的四輪傳動大福特車，在這輛我現在稱之為「維尼車」的大車裡頭，我感到安全，這趟行程很順利，我出了阿德隆達克斯山脈，順利回到奧爾巴尼，趕上飛機。

維尼詢問了那個簡單、但我便宜行事地避開而未思考的問題，使我不致錯過小女兒的表演，幫助我避免因為延誤而導致的其他損失，最終為我省錢。那輛維尼車的每日租金是貴了幾塊錢，但卻很值得。維尼也因此贏得了一個終身忠誠的顧客，以及我的敬重和感激。

維尼車在雪中準備上路！

因為沒租大車

因為沒租大車，錯過了班機；
因為錯過班機，錯過了演出；
因為錯過演出，錯過了重要時刻；
因為錯過重要時刻，錯失一段回憶；

因為錯失一段回憶，失了重要連結；
因為失了重要連結，傷了重要關係。
歸根究柢，皆因沒租大車。

案例：理財嗜好

衝擊性探詢

需求：你想要用最後一個探詢來完成一連串的探詢，這最後一個探詢的目的是讓你想影響的對象能深思整個問題。

技巧：在辨識性探詢和深入性探詢之後，你必須提出最後一個詢問：衝擊性探詢。

辨識性探詢：「當你在金融市場上採取一些更積極的行動時，你遭遇什麼挑戰？」

深入性探詢：「截至目前為止，你已經賠了多少錢？」

「你原本打算用這筆錢來做什麼？」

「然後呢？」

衝擊性探詢的例子：「要是你的整個投資組合歷經多次這樣的損失，將會有什麼後果？」

好了，你已經咬住當事人的問題，就像杜賓犬似地，緊緊咬住不放。我見過一些人對他們的探詢進展過於興奮，以致於忍不住露出微笑。

的確，你現在是很興奮、很激動，但現在可不是欣喜於你已經學會新技巧而得意忘形的時候，拜託，請注意你的肢體語言、你的聲調、你的臉部表情！這一連串的探詢可能令當事人難過、痛苦，你的表情必須展現你對當事人的同理心，他難過，你卻喜形於色，這可是一點幫助也沒有。

操縱他人者在聽到對方的痛苦時，往往不經意地流露出其得意感，這是他心裡認為自己獲勝的表徵。影響他人者在聽到對方的痛苦時，展現感同身受的同理心，令對方心生信任。

正面觀點

截至目前為止，我並未對影響的技巧中最困難的工作，提出最正面的觀點。在過去，當我遇到某人覺得我的建議過於負面或具有侵略性時，我總認為此人根本不了解我的訊息要義。能激發人們改變行為的是行為的後果，這是事實，與感覺無關。

欲改變他人行為，向他展示行為後果，比向他展示改變的益處來得更有效。

我也認為，後果是比益處更為有效的激勵因子，欲改變他人行為，讓他知道行為後果比讓他知道改變的益處來得更有效。所以，我不會這麼問：「吸菸者難道不知道戒菸會使他更健康嗎？」或是：「這個員工難道不知道，若他更致力於和團隊成員相處得更融洽，將改善他的生活品質嗎？」

後果是非常有效的激勵因子

我的父親是個老菸槍，有一天，他告訴我：「我十六歲加入海軍時（當時，他和祖父對其年齡撒謊，使他得以加入軍隊），並不會抽菸，但這事實在一小時後就變了。進入軍隊後，第一次聽到宣布吸菸休息時間時，我繼續刷洗甲板，但一小時後，我跟所有人一樣，拿起一根菸。」

三十年後，我們一再勸他戒掉一天抽兩包菸的習慣，我們試過種種可能的方法，他就是不戒菸。

我的父親有六個兄弟，他的第一個兄弟被診斷出癌症末期時，他很惱怒，第二個兄弟被診斷出癌症末期時，他終於把他的香菸丟進灌木叢裡，從此不再抽菸。瞧，後果是非常有效的激勵因子！

＊＊＊

這是我的故事，所以，我堅持用負面觀點（後果）來說服他人。回想你最近作出的多數決定，你購買這輛車是因為你難以抗拒這輛新車的氣味，抑或是因為你從修車廠取回舊車（這是一個月內第三次進修車廠啦！）時，看到帳單，令你倒吸一口氣？你換工作是因為你喜歡和新鮮面孔共事，抑或是因為你已經受夠了常常得向原來的上司據理力爭？我堅持我的觀點……，呃，某種程度上啦。

但是，是否有些人較容易受到正面結果、而非負面後果的激勵呢？大約過了十年後，我才承認答案為「是」，的確有人較容易受到益處的激勵。我們的確有很多決策是基於負面後果，而非基於正面益處，但我不能再漠視一個事實：的確有人的某些決策是基於正面益處。

舉例而言，某人退休後遷居佛羅里達，你問他為何作出這決定，他可能會告訴你：「要我在北方再度過一個令人討厭的嚴冬，我會瘋掉！」這聽起來是一個基於負面後果的決定。

但是，他也可能告訴你：「幾年前，我來佛羅里達打高爾夫球，太愉快了，所以，我下定決心有朝一日要搬來這裡！」這聽起來就是一個基於正面益處的決定。

所幸，就算你想影響的對象是個受到益處激勵的人，你應該使用的影響流程仍然大致相同，仍然使用這三類探詢，但作出一個輕微調整：不詢問預期的負面影響，改而詢問預期的正面影響。換言之，不詢問你意圖影響的對象：「不解決此問題，你還有其他什麼憂慮？」改而詢問：「你認為，若解決此問題，你還能獲得哪些其他的益處？」

請記得，到底該用負面後果抑或正面益處來影響對方，並非取決於你本身喜歡如何被影響，而是取決於對方傾向於受到負面後果抑或正面益處的影響。

本章內容到此，這是在試圖影響他人時非常重要的一環。我使用此流程二、三十年了，憑藉豐富經驗，我想告訴你，這些步驟執行起來的困難程度可能遠超過你的想像。不過，沒關係，別害怕，本書最後將會概述此流程的執行。只要努力反覆練習，這流程就會在不知不覺中變成你的直覺反應。

〔練習4〕——詢問問題營造急迫感

能夠促使當事人從了解自己有問題，邁向實際想要對自己的問題採取行動，才能真正影響當事人。操縱他人者總是用自己的陳述來逼促對方，告訴對方他可能存在什麼問題；影響他人者透過探詢來輕推對方，讓對方自行發現自己可能存在什麼問題。

1. 欲影響他人採取行動，除了信任，還需具備營造急迫感的技巧。本書作者提出營造急迫感的流程方法包含哪些步驟？
2. 在本書所提的營造急迫感相關技巧中，有沒有你已熟悉且曾成功運用的？回想一下你運用的情況及對方的反應，對照作者描述的重點，整理自己的心得。
3. 在這階段所需具備技巧中，你也會發現有些是你未曾使用或自覺並不擅長的，邀請你選擇其中一個技巧進行練習，試試看如何在「不製造衝突之下製造對方的痛苦。」
4. 營造急迫感通常會使對方感覺不舒服，你需要具備勇氣與信心才能順利引導對方涉入這個領域。你覺得自己準備得如何？你打算怎麼做，使自己準備得更好呢？

第5章

如何讓對方承諾作出改變

當你試圖說服某人作出改變時，沒有比這個更要的詢問了：「你是否承諾作出改變？」

一個請求對方作出改變承諾的四步驟簡單方法如下：

步驟1：確認益處；

步驟2：請求作出承諾；

步驟3：討論後續事宜；

步驟4：再次保證。

HOW TO CHANGE MINDS

在有技巧地建立信任後，我們得以和我們想影響的對象進入交談，這並非易事，許多人對這塊領域有強烈的心防，不願讓外人進入，不願和外人談他們的問題。進入這塊領域後，我們不只以探詢來辨識對方的問題，還小心翼翼地、有同理心地深入挖掘，使因為此問題而痛苦的對方了解其行為的牽連性與後果，藉此營造出急迫感。請深呼吸一下，因為你即將運用影響技巧，改變他人心意。還記得嗎？本書第一章開頭提到：

基本上，當你運用影響技巧去改變一個人的心意時，你是在把一個觀念或想法植入他腦中，使他覺得是自己在思考它。

人們可不會輕易地、乾脆地把尼古丁貼片貼上手臂，戒除幾十年的抽菸習慣。請容我先把前面的幾個階段連結起來：

- 在決策循環流程中，你發現到，先有問題才有需求。一個吸菸者不會一早起來，打個呵欠，伸個懶腰，宣布他要戒除這個習慣。當某人在和他的小孩玩耍或和友人打籃球時感受到了吸菸造成的問題，他才會開始思考戒除這習慣的建議。

- 在了解並學會建立信任的要素後，你知道你必須瞄準你詢問的問題，並且牢記你的最終目的，開始和對方談論你知道如何解決的問題。以吸菸者的例子而言，這指的是詢問對方他目前從事的體能活動。
- 在了解改變心意的藍圖後，你知道該如何處理那些可能令當事人微慍的探詢，你知道必須一步步地深入，這指的是作出深入性探詢以進一步追蹤問題，繼而作出衝擊性探詢，使當事人看出其行為的最終後果，並且營造急迫感。

交談至此，需求開始在當事人心中浮現，在此過程中，你絕對不是一個被動消極的旁觀者，你很有技巧地影響浮現於當事人心中的需求。此外，因為你讓談話圍繞著你能發揮影響力的東西上，因此當事人心中浮現的這個需求，自然是針對你一直瞄準的那些益處。需求浮現後，當事人即將跨越一個重要決策點：決定作出改變。

我剛剛的敘述，是影響，還是操縱？讓我們再次使用「意圖」來判別。我們可以等到我們心愛的人胸腔出現腫瘤，或者，我們可以在此之前就跟他談論吸菸的後果。所以，再問一次：我剛剛的敘述是影響抑或操縱？我可以毫不遲疑地、驕傲地說：是影響！

這個重要決策點對所有人而言是一個關鍵障礙，許多人一生常在這個重要決策點上掙扎，遲遲無法跨越這道障礙。一旦跨越此障礙，黎明即將到來，改變即將發生。

從不詢問的最重要問題

我們聽過種種敦促他人作出承諾的詢問：

- 要怎樣才能使你今天上這部車？
- 星期二，行嗎？還是你覺得星期三比較好？
- 撇開價格不談，還有什麼因素使你今天不想買這烤箱？
- 要是我能證明我們的吸塵器比別的牌子好，你會買嗎？

這些全都是引人注意的詢問，而且，在特定的談話中，它們可能發揮一定的作用，但有一個無人詢問的問題，諷刺的是，當你試圖說服某人作出他正在考慮中的改變時，沒有任何一個詢問比這個詢問來得更重要。這個詢問是：「**你是否承諾作出改變？**」

這個問題可以改以其他問法，例如：「現在是不是考慮其他選擇的好時機？」或是：

「你是否認為應該考慮其他選擇？」或是：「你想不想解決這問題？」在交談中，若你想試水溫，了解對方的意向，不妨詢問這個問題。

別以為詢問這個問題是奇怪、沒來由的做法，回頭去看看決策循環流程，你就會明白詢問此問題的背後道理。還記得嗎？在認知階段認知到問題後，就如同跨越沙地上的界線，當事人歷經的第一個決策是：「我要不要作出改變？」若你已經成功地建立信任和營造急迫感，就代表你已經引領當事人歷經了決策循環流程的這個階段，贏得了信服與適當性，可以詢問此人：「你是否準備對此問題採取行動？」

若對方回答：「不」（坦白說，在你已經花時間和心力詢問較困難的問題，以營造出急迫感後，當事人鮮少會作出否定的回答），你必須停留在原地，因為若當事人承認他還不想解決問題，那麼，提供解方是浪費時間。這並非意味放棄，本書後文會說明如何處理這種拒絕狀況。若對方回答：「是」，恭喜你，你已經改變此人的心意，他心理上已經答應作出改變。你知道你有一個解方可以滿足此人的需要。

終於來到提出解方的部分了，很興奮吧！其實，我對解方本身並不怎麼感興趣，很奇怪，是吧？想想看，好不容易來到提出解方的時刻，我卻不感興趣?!在學習改變他人心意時，你會了解到，真正困難的部分是如何說服當事人承諾致力於解決問題。我在主持兩天的研習營時，通常只會花大約十五分鐘談解決方案本身，其餘時間全都用來教導各種影響技巧；如何使當事人承諾作出改變；在當事人作出此承諾後，接下來要做什麼。話雖如此，我還是要在此提醒你，在討論解方時，你必須記住很重要的兩個字。記得這兩個字，離達成目的就不遠了。

很重要的兩個字

在全錄公司擔任銷售訓練師時，我跟其他的銷售訓練師一樣，觀看了很多角色扮演的練習。我所教授的訓練課程大多為期兩週，每位訓練師負責訓練六名學員。每天早上先觀看角色扮演影片，接著是訓練師的教練課程，這些角色扮演訓練的壓力很大，因此，全錄設置了多間進行角色扮演的小教室，每間教室裡頭擺放一張桌子、兩張椅子，和一部攝影機，讓每一個角色扮演能在比較私密的環境中進行。不過，大教室裡有個大螢幕，其他學員仍然可以坐著觀看小教室裡的角色扮演情形（我個人是不認同這種做法啦）。

我嘗試在進行角色扮演的小教室裡，張貼各種東西來幫助學員，例如張貼關鍵詞、勵志小語，甚至還張貼了一、兩張海灘景色照，目的是想營造一種平靜氛圍。最終，我發現兩個字最有效，我把這兩個字黏貼在桌上，讓扮演銷售角色的學員，能夠在整個角色扮演過程中一再看到這兩個字：「**你說**」（you said）。

＊＊＊

這兩個字是提醒我們：推銷者（影響者）詢問問題及傾聽，讓對方自己陳述與描繪。我們一定要注意，我們所溝通的對象是當事人，他們才是談話的重心。若我們這麼做，等到談話來到解決方案部分時，我們便可使用「你說」這兩個字。

我們提出的解方並不是沒來由的，若當事人需要我們作出提醒的話，最有效的提醒莫過於告訴他：「我之所以提出這建議，另一個原因是**你說**你想尋求一個達成此目的的簡單方法，讓我向你說明這方法有多簡單。」

「你說」這兩個字把談話導向正題很有用，這兩個字提醒你，這解方不是為你而是為對方提供的。試著回想上一次某人跟你談話時，交談到一半，他說：「你說……」，若你稍早的確說了這些內容，他的這一句：「你說……」，鐵定引起你的注意！

至此，你已經成功促使對方答應作出改變，並提出符合其需求的解方，但此時還不到慶祝的時刻。過去三十年，我看到無數這樣的情境，但你猜猜，接下來往往發生什麼事？什麼也沒發生！這是因為我們雖促使對方答應要作出改變，也提出了合理的解方，但我們從未真的拍板敲定。現在，我們就來做這事吧！

有關承諾的迷思

關於承諾（commitment），存在很多的誤解和迷思，許多產業因為這些迷思而投入專人執著於推銷及贏得承諾。我相信，許多人（包括我本身在職涯早年也是）有時不太願意去質疑有關如何贏得承諾的傳統方法。因此，我想先提出一些事實和一些有力論述，期望能消除這些荒謬過時的迷思。

迷思1：你愈要求某人承諾作出改變，你的成功可能性愈高。

這是很奇怪的觀點。在取得承諾方面，有太多文章主張「愈多愈好」；你愈請求，愈有可能贏得對方承諾。數十年來，銷售團隊把「一定要成交」（Always be closing）奉為箴言，我的看法：這個銷售術太扯了。

我猜想，在挨家挨戶推銷的那個年代，這種推銷方法或許管用，但就算在那個年代真的行得通，現在可是絕對行不通了。我認為，一再請求某人作出承諾，最終可能引發反彈。我很喜歡全錄公司針對這個迷思所做的一項研究。研究結果發現，當你請求某人作出承諾，若此人回答：「不」，你最終贏得此承諾的可能性降低百分之二十四。我個人相信，這數字實際上應該更高。

你可能會納悶，為什麼？有很大程度跟自尊心有關。沒有人想感覺自己被操縱，一個「不」，通常就是「不」到底，特別是當涉及「奇摩子」（心情）時。我相信，我們一旦說了「不」，我們的腦袋裡就會反覆地說：「我說不，就是不，我絕不會讓花言巧語的傢伙改變我的心意！」

我就是不相信，不斷地請求某人對某件事或某個東西作出承諾，就愈有可能贏得此承諾。這麼做，只會迫使對方更不願妥協，更加抗拒。

觀察優秀的談判家如何談判，你會發現，他們總是很有技巧地避免把對方逼入死角。當你試圖改變某人的心意時，一再請求對方作出承諾，只會導致對方更堅定自己的立場。因此，在請求他人作出承諾時，必須非常審慎。

迷思2：有效贏得他人承諾的方法有無數種，每種方法各有其優點。

為何有這麼多人認為愈多就愈好呢？論述如何贏得他人承諾的書籍很多，多數誇耀有大量可以有效贏得他人承諾的方法。

許多人認為，愈多就是愈優，我認為這完全是胡扯。

我見過，也曾多次應邀只教導如何贏得他人承諾的訓練課程，酬勞很不錯，卻也教出了受誤導的學員。對我而言，問題在於教導這些荒謬課程涉及道德。

我提及「道德」，係因執著於影響流程的這個最後環節——一再要求，以取得他人的承諾，這顯示缺乏說服技巧，在前面階段未能有效贏得對方的信服。你必須贏得對方信服與適當性，才能請求對方作出改變的承諾。為何要花上一整天去學習如何要求他人改變的「訣竅」呢？我寧願花一整天去學習如何贏得信服與適當性，以詢問對方是否願意承諾作出改變。

其實，不需要為流程的這個階段煩惱，贏得承諾的方法並沒有上千種，只需四個步驟，我稍後會教你影響他人作出改變的最後一步，這方法相當簡單、容易。

迷思3：為贏得承諾，你其實不需要開口請求對方作出承諾。

請試著想像下面這段話：

是的，各位女士，各位先生，因為你已經學了本書所教的技巧，不再需要請求你想影響的對象作出承諾了！既然你已學會如何改變他人的心意，他們就不再需要你的敦促，他們會自行致力於你希望他們作出的改變！

這並不正確。在說服流程中作出承諾，不僅理所當然，而且必要。你已經在前面階段花了這麼多精力設法影響對方，難道這些努力只是為了求得含糊不清的被說服跡象嗎？為何要省略這一步？不行，你必須詢問，除此之外，別無他法可以確知此人是否承諾作出改變。

迷思4：唯一值得爭取的承諾是對方確確實實承諾改變。

我要是認同這點，那就是拿石頭砸自己的腳，摧毀我已經建立的可信度。不，當然不是。在尋求他人的承諾時，目標是取得對方最務實、可行的承諾。

這最務實的承諾，有可能和你期望的有出入，常見的情形是，對方作出的承諾，與我們的期待不盡相符。

本書列舉了許多需要運用影響技巧去幫助改變他人心意的情境，例如，你可能想幫助心愛的人了解吸菸有害健康、想改變友人的冒險行為、想幫助客戶看出，把理財當成一種嗜好的長期負面影響，或是想改善小孩做家庭作業的習慣。

在遵循你學到的所有影響他人行為的技巧時，彈性變通仍有其必要。例如，有時候，你可能得一小步一小步慢慢來，漸進地促使對方承諾作出改變。你的目標是取得最實際可行的承諾。

完結承諾

現在，拋除這些迷思，我要向你介紹一個請求對方作出改變承諾的四步驟簡單方法。我選擇此方法是因為，它能自然而然地完結你前面所學的流程，而且這個方法有很大的彈性空間，因人制宜。

案例：家庭作業的麻煩

完結承諾

背景：在你家，小孩做家庭作業的時段從來就不是最愉快的時段，不過，它最近已經變成你和小孩緊張對峙的大麻煩時段，威嚇不管用，懲罰也沒效果，這些做法不僅造成家庭關係更緊張，也導致小孩更加厭惡家庭作業。所幸，你決定學習如何改變他人的心意，在遵循本書敘述的流程後，你已經成功引導你的小孩同意解決此問題的方法，你們相互擁抱。

技巧：現在來到了最重要的一步，你不僅要取得孩子承諾作出改變，還要確保他遵守此承諾。現在，離改變是如此地接近，你幾乎已經可以觸及，真是興奮極了！

步驟1：確認益處

完結承諾的第一步，是和你試圖說服的對象做最後一次確認。多數人不了解這個最後的確認有多重要，請聽我說明。讀下面這句話，然後停下來，別往下讀，先試著預期父母對小孩說完這句話後，下一步是什麼。

父母：「你是否同意，做家庭作業可以使你看到你說你希望看到的成果？」

倘若小孩回答：「是」，你認為接下來該詢問什麼？我想，大多數的人會認為，接下來當然就是要求小孩作出承諾囉。這第一個步驟的妙用就在於此，若當事人無意採行一個解方，他就不會對這個問題回答：「是」，他可能會這麼回答：

嗯，這確實有我想要的功效，但是，嗯……我不想改變。

各位讀者，這就是完結承諾的最大益處，確認益處這個步驟可以測試是否能開始完結你和當事人的談話，若對方內心仍然抗拒改變，他就會在這一步向你反推。交談至此，聽到對方說：「不」，當然令人高興不起來，但至少，這不會傷了你的自尊。別忘了，截至此時，你尚未請求對方作出承諾，也沒有把任何人逼到牆角，你只不過是在詢問對方是否認為你們談論的解方合適。若不合適，我們接下來會釐清問題，進入「被拒絕時的處理技巧」，盡全力扭轉。

若在這一步，對方回答：「是」，那就可以開心微笑了，還有什麼可猶豫的呢？雖不能打包票，但在此時，我會覺得相當有信心，取得對方牢靠承諾的可能性極高。

案例：家庭作業的麻煩

確認益處

需求：你已經建立信任、急迫感，並提出一個幫助你的小孩解決問題的方法。

技巧：接下來，你必須過渡至下一個階段，促使你的小孩作出真誠的承諾。

例子：

「你是否同意，做家庭作業可以使你看到你說你希望看到的成果？」

或者

「你是否同意，我們剛剛提出的解決方法不僅能改進你的成績，也將使你未來的路走得更輕鬆？」

多數人不了解，作出這個確認益處的詢問，其實是在試水溫，看看對方是否還存有排拒心態。這第一步具有相當大的心理測試功用。

步驟2：請求作出承諾

終於來到請求當事人作出承諾的時刻了。若你已經贏得了作出此詢問的信服力和適當性，你就會發現，到了這一步，取得當事人的承諾有多麼容易。如前所述，在這一步，你的目標應該是取得最務實可行的承諾。

如何請求作出承諾呢？該使用什麼語詞？我建議儘可能簡單。這是水到渠成的一步，你想影響的對象也預期你會作出此詢問，所以，不必猶豫，問吧！

以說服他人為職者在詢問此問題時，很少有固定、偏好的詢問方式，我不是個很喜歡打好草稿後照本宣科的人，但我建議你在這一步別臨時搜索適當措辭，搞得你吞吞吐吐。千萬別讓你的用詞、口氣，甚至臉部表情導致你前功盡棄。

銷售人員真是千奇百怪，你若是和幾位以銷售為職的人坐下來聊聊，就會發現他們有種種怪癖。許多業務員喜愛在特定地點和客戶見面，偏好在一天中的特定時間打電話給客戶，甚至在取得客戶承諾，同意簽約時，喜愛使用特定的一支筆。基於他們有種種這類特定癖好，我詢問他們在徵求客戶作出承諾時，是否也有特別偏好的詢問方式及用詞，出乎我意料的是，他們回答：沒有！

我不明白，為何有人會在此時腦袋還在搜索適當措辭。試想，你正要決定作出改變，內心不免對改變感到不安，你聽到對方問你：「你是否同意，做家庭作業可以使你看到你說你希望看到的成果？」你回答：「是」。但接下來，對方說：「好極了，那麼，我想……，我的意思是，你是否認為……，嗯，呃，我想問的是……，嗯，你會這麼做嗎？」試問，聽到這番斷斷續續、拐彎抹角的話，你作何感想？就算你本來已經要作出改變的承諾了，聽到對方這番吞吞吐吐的話，我想你極有可能在此時打消念頭。

你試圖影響某人作出改變，前面花了這麼多工夫，好不容易推進到這一步，你卻在此時向對方展現了你缺乏信心、沒有把握的一面。若你對於你想請求當事人作出承諾的解方缺乏信心，當事人一定也會對此解方沒有信心。

切記，完結承諾只不過是提供一個架構，你可以在此時使用你偏好的技巧。在商界，有很多技巧可用於請求顧客作出承諾，這些技巧也可應用於你日常生活中面臨的情況。實際上，請求承諾的句型有十幾種，下述案例中列舉我個人喜愛的四種。

案例：家庭作業的麻煩

請求作出承諾

需求：你已經確認你提出的解方確實符合你的小孩的需要。

技巧：你想要你的小孩作出最務實可行的承諾。

例子：

1. 假設型問句：「你想從何時開始？」

2. 若……接下來：「若我們先從……做起，接下來，我們就可以……」

3. 提供選擇：「你想先從數學這一科做起，還是你想要其他科目也一併這麼做？」

4. 指示：「我希望你可以從今天就開始。」

一旦，你了解自己希望獲得何種承諾之後，就更能選擇適當的句型和用詞，來請求對方作出承諾。

步驟3：討論後續事宜

取得承諾後，千萬不可鬆懈，務要貫徹到底。現在只剩下實際承諾的相關後續事宜要商議，我見過許多策略在取得口頭承諾後，因為缺乏徹底的後續行動與追蹤，前功盡棄。

主持「如何改變他人心意」研習課程三十多年，我有時覺得自己彷彿已經在教導的課程中聽到了所有可能的疑問，其中，我最常被問到的問題之一是：「最常被人遺忘的流程步驟是哪一步？」答案是：在對方同意作出改變後，忘了討論後續事宜。

討論後續事宜是非常重要的一步，若忘了這一步，你猜接下來會發生什麼情形？當事人有作出改變的良好意圖，但作出承諾後，心生反悔，再加上害怕改變的心理，結果，什麼也沒發生。

當事人作出承諾時，談話者往往在興奮、愉快之餘，忘了商議實際的後續事宜。你不能在討論這些後續事宜時下令接下來要怎麼做，應該以協商方式來討論。切記貫徹到底，繼續走在影響的道路上。

案例：家庭作業的麻煩

討論後續事宜

需求：在取得承諾後，別被興奮沖昏了頭，緊接著必須建立從承諾到行動的途徑。

技巧：仔細討論接下來要做什麼。

例子：

「好極了！那麼，我們接下來怎麼做呢？」

或者

「我會協助布置你提到的讀書環境，確保具備一切要素。從今天算起，一星期後，我們來檢討情況，你覺得如何？」

你若不相信這是必要的一步，我必須提醒你，當事人的決策循環流程的下一步將是反悔！這一步做得愈詳盡、順利，你愈可能確實改變了當事人的心意，他也愈有可能實踐承諾。

步驟4：再次保證

從真心想作出改變的當事人那兒取得承諾，有時是很令人興奮的事。我必須承認，雖然，我認為向當事人作出再次保證是很好的概念，但我其實是在教導影響技巧多年後才加入這一步。我無法確知我早年沒在課程中教這一步，是因為我認定多數人都會這樣做，抑或是我當時有盲點，不過，在看到這麼多人反悔而不履行自己的承諾後，我決定不再省略這一步。

多年來，我對許多客戶傳授銷售技巧，我最喜愛的研習課程之一，是兩年前在巴爾的摩主持的挾持人質談判技巧研討會，有機會把銷售領域的技巧，應用於挾持人質談判領域，這是很令人興奮的體驗。聽眾很投入，不過，在談到如何安撫那些我們想取得承諾的對象時，情況突然出現了一點變化。

我不經意地提到再次保證，還說我喜歡向對我作出承諾的人提出再次保證。在此之前，我從未在我的教材裡包含這個步驟，也從未強力建議其他人這麼做。我記得以前任職紐約人壽保險公司時，我的經理告訴我：「喬利斯，成交之後，就離開客戶家！」其背後道理是：若已取得承諾，任何進一步的談話只會破壞你已經達成的協議。可是我覺得，在挾持人質的談判中，挾持者可能反悔而不遵守承諾所造成的危害太大了，應該作出一些安撫和再保證。

我想，你可以說這是我的直覺，結果，我的這番話讓一名聽眾分享了一段令人不勝唏噓的故事。在我說完這概念後，這名聽眾走到麥克風前，開始述說這故事。

喬利斯先生，我贊同你剛剛的建議。兩個月前，我透過電話和挾持人質者談判了近四十小時。首先，談判了二十小時後，他釋放孩子們走出那棟屋子，再過了十小時，我成功說服他釋放太太。接著，再過了十小時，我和嫌犯達成協議，他同意從屋裡出來，他最後告訴我：「我會出來，但要帶著我的槍出來，」這是我能達成的最好結果了，我告訴他：「慢慢地走出來。」

嫌犯步出屋外，站在門廊，我和特種警察部隊慢慢地沿著車道前進，嫌犯朝前張望，朝後看，又朝前張望，再朝後看，接著，他舉槍轟了自己的頭。

我跟這人講了四十小時的電話，我可以告訴各位，他是那種打算從屋裡出來後做做樣子就收場的人，可是，頃刻間，他改變了心意。我這輩子將會一再回想思忖，我當時是不是可以作出不同的處理，若我當時最後告訴他的是：「你現在做了對的事，我會幫助你，我向你保證，我承諾你的每一件事都會做到。」說不定就能挽救他的生命了。

不用說，在場所有人都為之感慨，我強忍自己的難過，結束研討會。從那天起，我一律把這個步驟納入完結流程。

＊＊＊

訊息很清楚：已經改變心意的人往往會重新思考、懷疑他們的決定，尤其是當這些決定涉及必須作出顯著改變時。人總是害怕改變，與其冀望人們不會重新思考其決定，不如提供一些讓他們在重新考慮決定時可以思考的東西，讓他們在重新思考時，腦海中聽到你的聲音告訴他們：他們作出了正確決定。

案例：家庭作業的麻煩

再次保證

需求：你必須鄭重地向你的小孩再次保證，以鞏固他已經作出的承諾。

技巧：作出措辭合宜的結論。

例子：「困難的階段已經過去了，接下來容易多了，就是讓你開始起身行動，我會盡我所能一路幫助你。我很高興我們能進行此談話。」

最後的叮囑

把完結承諾分解成四個容易掌控的步驟後，我希望說服的這個環節不再令你感到焦慮。

最後要叮囑你在談話時四個注意事項：

1.注意你的語氣。我指的是，不只要注意你說「什麼」，也要注意你「如何」說。截至目前為止，我只討論關於如何取得承諾的措辭，但在試圖改變他人行為時，你會提到別人不完美的地方，因此，你的語氣影響很大。

2.注意你的臉部表情。除了合宜的措辭和語氣，你的臉部表情也很重要，它們可以為你提供最大助益，也可以成為最大的破壞者。我的建議是，務必保持專注，不要走神，若你覺得理解對方，請展現理解的神情。若你的表情看起來沒信心、沒把握，對方也會覺得沒信心；若你看起來信心十足，對方也會覺得信心滿滿。

3.注意你的結尾。另一個要避開的陷阱跟你如何結束談話有關，當你請求當事人作出承諾時，措辭務必簡潔扼要，別忘了，你們剛剛完成長時間的談話，沒必要再冗長地解釋一遍。你已經充分闡明要求對方改變的理由，也取得了對方的承諾，所以，別再流連拖延！

4.注意你的轉折點。你可能會詫異，到底是什麼原因使得多數人難以取得他人承諾，問題往往出在沒有做好進入取得承諾階段的轉折點：確認益處。

人往往會躊躇掙扎，冀望改變的時刻奇蹟般地自動出現，海水一分為二，奇蹟就這樣出現在我們眼前。別等待了，我們得自己創造這時刻，我建議你用簡單的幾個字來過渡至取得承諾的階段：「你同不同意……？」

取得承諾並沒有什麼了不得的祕訣，你也毋須為此煩惱，只需站在對方立場設想與推理，循著對方的決策循環流程，贏得請求對方作出承諾的信服力和適當性，你就能贏得你需要的信心。接下來，我們只需設法啟動此談話。

〔練習5〕——確認改變益處，取得承諾

基本上，當你運用影響技巧去改變一個人的心意時，你是在把一個觀念或想法植入他腦中，使他覺得是自己在思考它。

1. 平日在生活或工作中，當你需要別人做出改變時，你常用怎樣的措辭語句來要求對方給承諾？把這些句子寫下來，想一想以前這樣說，效果如何？是否取得對方承諾，還是不了了之？或者反而出現抗拒的情況？
2. 本書作者提出「完結承諾」的步驟是哪些？與你過去使用的方式有何相同或相異之處？你覺得自己目前最想強化哪一個步驟的技巧？學會這些技巧能帶給你什麼好處？
3. 在最近遭遇的情境中，挑出一個你想要卻未能取得對方承諾的失敗案例，運用本章技巧，重新設計你的措辭，仔細寫下來，找個對象試做角色演練，直到你可以說得很流暢、很自然。
4. 在下回你需要取得改變承諾的時候，再次重複上述流程，真正現場使用那些經過思考的句子。事後檢視並評估自己的表現如何，找出持續改善的地方。

第6章
啟動改變的開場白

無法通過「開場白」這一關，前述種種改變心意技巧幾無用武之地。

依循以下四個簡單步驟，將有效掌握關鍵的45秒開場白，成功啟動談話：

步驟1：自我介紹；

步驟2：提出誘餌；

步驟3：說明流程；

步驟4：估算時間。

HOW TO CHANGE

MINDS

誠如一個洗髮精廣告所言：「創造第一印象，你只有一次機會！」在你想要影響他人行為或觀點時，這「一次機會」的開場白通常只有四十五秒鐘，你必須竭盡所能小心地處理這寶貴的四十五秒。

我把開場白視為一個**主題句**（topic sentence），主題句的目的應該是為你即將展開的談話提綱挈領。

我在本章教導的開場白技巧，可以彈性應用於任何談話的開場白，不論你和談話對象之間是什麼關係，措辭或有所不同，但流程相同。

請注意，若談話內容最終涉及需要某人改變其行為，想要啟動這樣的坦誠交談並不容易，沒有什麼「萬靈丹」可以用，能夠派上用場的，唯有一套行動與技巧，若能謹慎遵循，應該有更多機會可以成功交談，進而使你有更佳機會去影響對方。

讓我們面對現實吧，若你無法通過開場白這一關，本書前面所談的種種技巧將落得無多大用武之地。就讓我教你有效啟動談話，促使人們容許你一窺其生活的最簡單方法吧！

案例：夫妻關係問題

啟動談話

背景：你們結婚十年了，曾經有段日子，你們會敞心暢談，但第一個孩子出生，接著，第二個孩子報到，此後，你們歷經幾次升遷，買了兩部車子，還有房子貸款。十年後的現在，妳和丈夫過著猶如分居般的生活。

技巧：妳想開啟談話，但必須謹慎為之，這麼多年來，你們之間從未有過自在輕鬆的交談。

步驟1：自我介紹

這第一步相當基本，不需要什麼大學問，就是告訴對方你是誰，代表什麼組織。若談話對象是關係密切或熟識的人，顯然不需要這一步，但若對方不是很熟悉的人，這一步可能有點棘手。

你想讓對方知道多少有關你的資訊？也許，你是這地區最大的經銷商，你可以在自我介紹中包含這一點；也許你對即將要談的主題很有經驗，在自我介紹中提到這點，對你的可信度當然有幫助。我的建議是，簡明扼要，提供足以建立可信度的資訊即可，別提供太多資訊，以致對方招架不住。謹記以下重要原則：

最具說服力的益處，是人們自行發現的益處。

重點是：別在開場白中亮出你的解方，這對你比較有利。雖說在某些情況下，無法避免在開場白中就提出解方，不過，就算在這類情況下，也別操之過急，稍後再詳述你的解方或公司有多好。影響的藝術在於漸漸吸引對方進入你的解方，使他們自行發現、領會這解方的益處，變成是他們自己的解方。

在上述這個夫妻關係例子中，不需要作出自我介紹，不過，當你把本書敘述的原則應用於不認識你的對象時，你應該在開場白中簡單扼要地說明你是誰及來自何處。

步驟2：提出誘餌

若某人等不及想跟你交談，開場白就不是那麼重要了，但若你試圖啟動涉及敏感主題的談話，或是和幾乎不認識你的人談話，這是開場白中最重要的一步。提出誘餌的最重要目的，是為對方心中的一個重要疑問提供解答，此疑問是：「這對我有何好處？」（what's in it for me?，簡稱WIFM）。在我看來，解答這個疑問，需要運用很多技巧與智慧。

為解釋誘餌，請容我在此概要地談談人類心理學。一個簡單事實是：世間多數人受到欲望的驅使。

試問，你為何購買這本書？我猜想，你購買此書，是因為你認為可以學到如何運用影響技巧來改變某人心意的方法，這將有助於你變得更成功。你對成功的定義可能跟金錢沒什麼關係，可能跟快樂、個人的滿足感有關，或只是讓自己變得更好。我無意戳破你的泡泡，但我稱此為欲望。

欲望是壞事嗎？恰恰相反。一旦你了解大多數的人都想要在某方面成功，你就會開始理解，影響他人並不如你以為的那般困難。看看以下兩種不同情境：

情境一

某甲極關心自己的成敗，但他並不特別關心自己的健康或家庭責任。你想改變他，但他為何需要改變？改變對他有何好處？你可能會發現，跟他會面並不困難，但極難啟動交談，更遑論改變他的心意，因為你想要他作出的改變，於他而言並無益處。

情境二

某乙跟某甲很不同，她也想要成功，她的家庭以及她和丈夫的關係對她而言很珍貴，她也很清楚自己的健康很重要，唯有自己健康，才能保護所有她深愛的人。她未必是很容易會面的人，但若你能把你的談話主題和她關心、她認為有益處的東西關連起來，就有很大的機會可以促使她坐下來和你交談。

案例：夫妻關係問題

提出誘餌

需求：妳想讓妳的先生坐下來，平心靜氣地討論你們的關係，這對妳的先生而言並不是個輕鬆容易的話題。

技巧：妳應該使用「誘餌」來促使他坐下，真心坦誠地討論你們之間的關係。

例子：「派特，我真的希望我們能坐下來好好談談，這不僅對我很重要，也會使我們的關係變得更緊密。」

撰寫一個誘餌的挑戰在於別提供太多資訊，足夠就好。以措辭適當的誘餌來引誘某人，有時需要相當有創意且拿捏平衡，既不過多，也不過少。

成功啟動談話，其實無關乎運氣好壞，往往是因為提出了一個疑問，訴諸對方想變得更成功的欲望。所以，當你試圖說服某人時，想想看，能對此人奏效的誘餌是什麼，試試能否用它來啟動談話。

步驟3：說明流程

想像某人接近你，你懷疑他想試圖說服你去做你並不想做的事，你的胃開始翻騰，心想，又要開始聽他說教了，唉……你知道這談話將會如何進行。

當我們試圖去影響他人時，直到被證明無罪之前，我們都被視為有罪。若你最近一次和某人談話，對方沒興趣傾聽你說的話，或是不詢問你任何問題，或是逕自丟出一個解方，再加上十幾個理由說明何以此解方對你有益，你很自然地會往最壞處想。

所以，提出誘餌是開場白中最重要的一步，說明流程則是次重要的一步。在頭四十五秒鐘裡，你必須讓對方知道你打算如何進行此談話，開場白中說明流程，就是基於此意圖。

事先告訴對方，你打算傾聽他述說，並詢問問題，這將能樹立完全不同於多數人習慣的、先入為主地設想的談話調性與方式。何必對此隱而不宣呢？主動讓對方知道：不，這談話將不是你所想像的方式，我要用傾聽和探詢來進行。看看下述例子。

案例：夫妻關係問題

說明流程

需求：別請求妳的先生坐下來，然後開始乞求他改變你們之間的關係。妳應該使用探詢，一步步地深入，最終促使他自行作出決定，一旦決定便不可推諉卸責。

技巧：在以往的談話中，妳經常下指令似地說出妳想要妳的先生作出哪些改變，這樣的談話並不奏效。這一次，妳應該讓他了解妳想談什麼，以及妳打算如何談。

例子：「派特，我不想告訴你該做什麼，我只是想談，我的意思是，我需要詢問及傾聽。」

流程由你掌控，若你打算作筆記，你想向對方展現你打算傾聽，你只需要詢問就行了。

在被證明無罪之前，被視為有罪？沒關係，事先讓對方知道你打算如何進行談話，這將有助於消除對方未說出口的抗拒，為理性、建設性的談話做好準備。

步驟4：估算時間

最後一步是想讓對方知道，這談話大概會花多少時間。這是很簡單的一步，但具有爭議性，我想在此提出兩個觀點。

一個觀點主張在開場白中完全去除這一步，理由是，何必受限時間，讓你不能暢所欲言？這簡單的疑問提出了很好的論點，的確，你往往會需要更長、更詳盡的談話。

但是，與這觀點相反的另一面觀點更為重要。若你不在開場白中預估這場談話大約會耗上多久，那麼你可能會被迫說出類似這樣的話：「我能耽誤你幾分鐘嗎？」別忘了，在步驟3「流程」中提到，在被證明無罪之前，我們被視為有罪，因此謹記這點，你必須自問，要是有人試圖改變你的心意，他說要你給他「幾分鐘」，試問你作何感想？你說你需要幾分鐘，對方往往動動眼珠子，快速用一個藉口搪塞你，說現在不是談話的好時機。

案例：夫妻關係問題

估算時間

需求：妳要試著說明，這場談話不會是沒完沒了的情緒訴求，而是真誠、有節制的談話。

技巧：妳應該主動把談話所需時間攤在桌面上。

例子：「這次的談話只佔用你十五分鐘的時間。」

提醒你：你必須遵守你所說的時間。我知道這很難，而且在這個例子中，超過十五分鐘並不是什麼大不了的事。但請想想，跟對方達成了一個有關時間的協議，這等同於你作出了一個承諾，若你希望你的丈夫或妻子信任你，認真看待你的談話，你就必須遵守你的承諾。若你的計畫和談話內容除了請求某人作出改變，還有其他，你可能會驚訝十五分鐘怎麼過得這麼快，但不論你和對方的談話推進到哪裡，承諾就是承諾。若你的談話對象是客戶或你過去從未謀面者，這可能是你作出的第一個承諾。試想，第一個承諾，你就沒能信守，這不是很丟臉嗎？

話雖如此，若時間到了，你可以告訴對方：「我之前承諾我們的談話不會超過十五分鐘，我想信守此承諾。你想繼續呢？還是我們另擇時間，繼續討論？」若你以探詢方式進行此談話，並且已經運用技巧建立了對方的信任感和急迫感，你可能會驚喜地發現，很多人願意繼續交談。

最重要的是：若你無法啟動談話，其他任何技巧全無用武之地。若是我試圖影響他人，但交談時間得縮短，我也高興不起來，但是，對於較困難的談話，最重要的事是取得對方同意再度跟你會面交談。

把開場白寫下來

我從來就不信奉打草稿、寫腳本，多數情況下，這種做法太死板、綁手綁腳，但我必須在此提出一個例外，頭四十五秒的開場白影響很大，你可不能此時才來想措辭。事先寫下你的開場白，花幾分鐘審慎斟酌、選擇你的措辭，然後加以練習。

我不建議你帶著這份草稿去展開談話，也不建議你一字不差地死記，我只是建議你寫下你想說的話，並練習至你能自在流暢地說這些話。如果你經常要進行這類談話，請寫出三、四種版本的開場白，這樣，你就有多個句子可以輪番引用，不會有任何兩個開場白聽起來是一模一樣的。

一體適用的開場白模式？

涉及改變的談話有很多種，每一種都有合適的開場白。截至目前為止，我的開場白主要針對如何跟你從未談過話的對象啟動交談，或是和熟人討論你們從未談過的主題。有趣的是，儘管措辭有所不同，但遵循的流程相同。

舉例而言，你已經成功地和某人交談，促使他改變心意，而且你們同意再約時間會面來檢視改變的進展。想想看，在下次會面時，你的開場白中哪些該刪除？

自我介紹？你是否常有這種經驗：你和某人第二次見面，卻想不起他的姓名，他親切問候你，你回應：「嘿，你好，呃……呃……夥伴！」當然啦，這種情況的對象不是你的家人或其他你熟識的人。在商界，若是碰到這種情形，你可以和對方握手，道出你的姓名，遞名片給對方（雖然，上次你已經給過名片），這麼做往往會使你的客戶也跟著做相同的動作，你便能得知對方姓名。說不定是你的客戶忘了你的姓名，需要你給予提醒。所以若有機會再次碰面交談，記得一定要再次交換姓名。

提出誘餌？花點時間，再次向對方說明你們會面談話的益處，回顧已經作出的進展，何害之有？若對方樂意再度會面，你這麼做並不會讓他打退堂鼓；若對方本來就對擇期再約的興致不高，你提醒他再次會面談話的益處，也不太可能導致他失去興致。這似乎是再清楚不過的道理，不是嗎？但是據我觀察，百分之九十的人會忽視這一步，認為沒有必要。我認為，最好還是把誘餌端出來。

說明流程？再次會面交談時，相同的流程原則仍然適用。誰想要和某人坐下來交談，卻不知道你到底想做什麼？不論這次的會面交談是處於決策循環流程的哪個階段，在開場白中提醒對方這次要談什麼，這是一種禮貌。在試圖影響某人時，初始的流程是詢問問題，然後傾聽對方述說，到了決策循環流程的後面階段，則是說明一種解決方案，或是回顧進展。不同階段，措辭可能改變，在開場白中說明這次會面要談什麼，這個步驟是不可少，也不會變的。所以我認為，每一次談話的開場白最好也別漏了「說明流程」。

估算時間？這是禮貌的做法。坦白說，不管你們目前到了決策循環流程的哪個階段，許多人很在意也希望你能在開場白中說明這次談話要花多少時間。

所以，你瞧，不論處於決策循環流程的哪個階段，啟動談話的開場白要素皆同。每個階段的措辭不同，後續談話的開場白左右你談話成敗的程度，可能不如第一次啟動談話的開場白那麼重要，但在後續談話忽視這些開場白步驟，那你就錯了。若你希望每一次的交談都能令對方感到自在愉快，就得有個好的開始：開場白。

更棘手的情況

當你想成功啟動意圖改變他人心意的談話時，運用技巧做好頭四十五秒的開場白至關重要，我所介紹的技巧是最有效的啟動方法，不過，有些相當棘手情況有待你做更深入的挖掘，此時，這頭四十五秒可能得縮減，你得靠僅僅幾個字的開場白來創造一個好的開始。

短短幾個字的開場白

有時候，當你試圖改變某人的心意時，談話可能相當具有挑戰性，雙方都知道這點！就連那短短的四十五秒開場白都變得有點困難，在這種情況下，最困難的事之一，很可能是尋找一個有效的過渡行動以切入開場白本身。怎樣的過渡比較有效呢？我向來喜歡尋求協助。

你是否常有這樣的經驗：你跟某人談話，你迫切想要找個機會，把談話轉往另一個更具挑戰性的方向？有時候，我們等待的這個機會永遠不會自動到來，我建議你使用簡單的幾個字，主動引導談話轉往這個方向，這幾個字是：「**我需要你的幫忙**」。

用「我需要你的幫忙」這句話作為開場白，有幾點好處。第一，它有助於減輕直接對立的感覺；第二，為坦誠交談做好準備；第三，可以消除「碰運氣」的成分，減輕你的焦慮感。當處於棘手狀況時，在有所準備和碰運氣這兩者之間，我會毫不猶豫地選擇有所準備。

有益或無益

許多業務員覺得，和客戶或潛在客戶的談話中，更困難的挑戰之一是建立期望。這樣的意圖往往非常棘手，很難把談話轉到生意主題上，因此，成果不定。

在試圖使某人進入涉及改變的談話時，你往往得應付對方心裡的想法，他認為跟你談話沒有益處，但他沒說出口。當對方認為跟你談話沒什麼好處時，他可能會端出種種藉口來拒絕你。與其冀望不會發生這種情形，或是等到發生這種情形時再放棄，不如主動出擊。

結果。

我建議的做法是：**把談話的選擇權拋給對方**。更確切地說，你應該向對方提出兩種可能結果。

「約翰，我不想告訴你去做什麼，我只是想跟你談談，我的意思是，我想問你一些問題，並傾聽你的回答。」接著，你提供類似如下的選擇：

「我們的談話結束時，你可能會發現我們談論的內容對你有益，也或者沒有幫助。如果你覺得沒有任何幫助，請你直說無妨，我不想浪費我們兩人的時間，去談對你無益的解決方案。你覺得呢？」

「另一方面，若你覺得有益，覺得我們所談的東西有道理，我請你……。這樣合理吧？」

（例如，「另一方面，若你覺得有益，覺得我們所談的東西有道理，我請你認真考慮這些問題。我們訂個時間做進一步討論，可以嗎？」）

這是個很有用的技巧，使你能擺脫對方的抗拒，因為你再次向對方保證，這場談話會見好就收，不會沒完沒了。我不建議每個談話都使用此技巧，不過，當你知道難以使對方坐下來跟你展開談話時，這個技巧非常有用。

當所有其他方法都行不通時

我非常喜歡和共同基金產業的承銷員共事，這些承銷員經常未事先告知就出現於金融機構的辦公室走廊，試圖當場和經紀員洽談或約洽談時間，經紀商可能有點脾氣，未必接受這種不請自來的推銷。

有一天，我在美國中西部一家共同基金公司授課，一名學員問了一個相當有趣的問題，他想知道我認為他所使用的一種技巧是否正確：

喬利斯先生，當我在金融機構的辦公室走廊逐一敲門時，最難取得洽談機會的似乎都是重量級經紀員，往往我還未開口，他們就告訴我：「走開！我沒興趣和任何承銷員談！」我總是這麼回應：「行！但請容我再核對一下你的聯絡資料，讓我可以打電話給總公司，以確保我們公司不會再拿任何資訊來打擾你。」

我問這名學員，對方如何回應，他說：「百分之九十九的經紀員會回答：『我並沒有說我不想要來自你們公司的任何資訊，我只是現在沒空見你！』我便會詢問他們，什麼時候方便聯絡他們，我多半都能當場約定洽談時間。」

注意措辭

許多人作出良好意圖的開場白，卻發現並未如願地大幅提高成功機會。信不信由你，他們的失敗往往歸因於一些措辭，他們甚至未覺察自己使用了這些字眼。

舉例而言，當一名業務員說：「我想告訴你……」時，聽起來就像是要對顧客說教。在初次洽談時，業務員不應使用「告訴你」的字眼，我偏好「傾聽你」這類的措辭。

避免使用的措辭	**取代措辭**
討論	請教
告訴你	傾聽你
只要幾分鐘	十五分鐘
我需要跟你談談	我需要你的幫忙

許多人認為，在任何談話中，起頭是最重要的環節。視情況而定，這種觀點也許沒錯，慎重斟酌、謹慎研擬的頭四十五秒開場白的確很有幫助。可惜，沒有什麼「萬靈丹」可資使用，不過我在本章提供了一個明智的方法，讓你有最佳機會可以用清晰、完整的流程來啟動談話。

〔練習6〕——寫下你的45秒黃金開場白

在你想要影響他人行為或觀點時，「開場白」是個非常重要的主題句，為你即將展開的談話提綱挈領。

1. 你通常如何做自我介紹？請修正為一個有力量的、帶給對方利益的、只有四十五秒的句子，寫下來。

2. 談話對方心中通常會有一個重要疑問：「這對我有何好處？」設想這一點，你覺得這對自己平日與人對話背後的思維有何意義？

3. 檢視你平日的措辭，與本書作者提醒要避免的措辭有無雷同之處，試用取代措辭於日常工作生活中，看看效果如何？

第7章 如何應付抗拒

只要我們能更加了解人們反對或抗拒的背後原因，我們在遭遇反對或抗拒時就不會那麼焦慮了。

有效處理抗拒的祕訣在四步驟：

步驟1：釐清；

步驟2：表達理解；

步驟3：回應；

步驟4：確認。

HOW TO CHANGE MINDS

多數人不會主動去研究，他們的問題存在那些潛在嚴重的後果，如果會的話，他們不僅會快速解決或矯正問題，成本也會明顯減輕許多。我注意到，不論財務境況如何，當需要動手術時，人們絕不會去找最便宜的外科醫生；在某些情況下，問題的成本高到可能會改變一生。

現在，你已經學會如何影響他人的行為，一切都沒問題了，對吧？我們來檢視一下。

- 試圖影響他人行為時所涉及的道德掙扎？已經釋疑了，沒問題。
- 需要建立對方的信任感？學到技巧了，沒問題。
- 需要營造對方心中的急迫感？學到這麼做的技巧了，沒問題。

沒錯，影響他人的藝術與科學都學會了，現在不會再出差錯了，對吧？本書截至目前為止的內容，描繪的是我們在完美世界中運作，我們試圖影響的對象都能充分合作。

現在，我們要來點破壞情節了：若是我們的流程失靈了，我們試圖影響的對象不肯合作，破壞了這完美世界，怎麼辦？

人們為何會抗拒？

我察覺，人們在試圖改變他人而遭到反對或拒絕時，往往感到失望與害怕，其實，若他們能更加了解人們反對或抗拒的背後原因，他們在遭遇反對或抗拒時就不會那麼焦慮了。他們大概也會有興趣知道，當對方至少有一個抗拒理由沒說出口時，你成功改變對方心意的機會就降低了百分之二十四。

理由1：害怕改變

你也許沒有實際聽到，你試圖說服的對象說出這些話，但憑藉經驗，我可以告訴你：幾乎任何我們難以作出的決定中，都充滿了害怕改變的心理。在我們試圖影響以改變其行為的對象身上，這是一種很自然的、可以預期的本能反應，畢竟，保持現狀是比較輕鬆容易的事，而影響他人的行為，使他人從已知改變到未知，需要他們展現相當的勇氣。

不管你的技巧多純熟，你必須做好準備，去面對對方這種害怕改變的心理，別期望他們會明白地告訴你他們害怕改變，他們可能會以別的理由作為他們選擇不改變的藉口。不幸的是，這種害怕改變的心理往往被其他藉口掩飾。

截至目前為止，我們已經在好幾章中，談到如何應付這種害怕改變的心理。我們探討到，若當事人不信任你，他就不太可能讓你幫助他克服這種恐懼；若當事人沒有急迫感，他也不會迫切去克服這種害怕改變的恐懼。

有一個辦法可以解決，那就是你不要試圖去解決他的問題，改而聚焦於引導他去解決自己的問題。這意指運用探詢的方式，儘可能深入地鑽探至他目前的痛點。若想消除對方害怕改變的心理，全有賴你善用能力，去引導對方探究本身的問題。

你可能會聽到當事人東扯西聊，可能會聽到他支吾推託，但實際上，真正的原因是他害怕改變，你得有應付此巨大障礙的心理準備。別畏懼，我們稍後會探討如何幫助那些被害怕改變心理牽制的人們。

理由2：無改變之需要

人們抗拒改變的另一個常見典型理由是，他們認為他們不需要改變。這理由聽起來很簡單，但它之所以成為排名第二的理由，不是沒有原因的，你現在應該不會對此感到奇怪才對，因為前文已經提過，那些掙扎而難以作出改變決定的人當中，有百分之七十九不認為他們的問題嚴重到需要作出改變。因此，直接提出意圖良好的解方，只會導致他們的抗拒更快速浮現。不過，最諷刺的是，這個抗拒理由雖很常見，但也是最容易避免的一個。

若你能夠成功建立期望與信任，並營造急迫感，通常就能避免當事人以此理由抗拒。這並不是說，只要你運用這個方法，就一定不會碰上當事人的抗拒，不過，在談話的前面階段打下愈穩固的基礎，你遭遇這種抗拒的可能性愈小。

理由3：不急

在我主持的研討會和研習營中，常有學員或聽眾提出一個沮喪的抱怨，你大概也很熟悉此抱怨，它聽起來類似如下：

> 我常發生這種情形，我和我的兒子坐下來談，一切似乎進行得順利，我提出幾個簡單建議，他點頭認同，可是，當談話進入到他將做我要求他做的事時，一切就嘎然而止。

聽起來很耳熟吧？你試圖影響的對象可能提出種種藉口，但實際上，他真正的抗拒理由是：不急！令人沮喪的是，多數人都會斬釘截鐵地說，在對方作出抗拒之前，他們已經牢牢地把對方捕進袋子裡了。哎，你的袋子有洞啊！

我之所以強烈建議你必須持續聚焦於問題，對問題作出第二階和第三階的探詢（深入性探詢和衝擊性探詢），就是為了營造對方的急迫感。能不能成功說服對方同意作出改變，並非有賴於我們多麼熱切地說明解方，而是有賴於我們運用技巧去引導對方探究其問題。因此，我們接下來要探討，當害怕改變的心理再加上認為毋須改變或不急，導致對方堅決說「不」時，我們該怎麼做。

案例：員工管理問題

處理當事人的抗拒

背景：截至目前為止，你已經花了約半年的時間處理一名新人員的問題，她很勤奮，總是盡心盡力地執行派給她的每件工作，但是，在她加入你的團隊時，就有人告訴你，她向來和其他人處不來。你當時不知道這個問題有多嚴重，現在，這問題已經開始困擾你的整個團隊。

技巧：你想使這名員工在團隊中更合群，於是，你試圖說服她參加一個公司外的訓練課程，以解決此問題。

處理抗拒的四步驟

許多人覺得，處理抗拒會涉及一些深奧的祕訣。我希望你已經從前文中了解到，當你試圖影響他人，說服他們作出改變時，若要說有什麼祕訣，那應該是：預先了解人們如何作決策，有智慧地對照他們的決策流程，以此來布局你的影響行為步驟。話說回來，在處理抗拒方面，祕訣則應該是在第一個步驟。

步驟1：釐清

在處理抗拒的技巧中，第一個步驟是釐清抗拒，這也是最重要的步驟。別以為這是個簡單步驟，釐清的工作可能具有相當難度，因為你必須臨機應變，快速思考。這個步驟是基於以下三個主要理由：

理由1：探察真正的抗拒原因。人們鮮少會坦白說出他們抗拒的真正原因，這或許是因為難為情，也可能是因為他們覺得這是很私人的東西，或是因為他們並不認為這問題如同你想的那般重要。但有一點是很確定的：探察真正的抗拒原因，你才能對症下藥，你應該請對方釐清他的疑慮。

數不清有多少次，我在未探察真正的抗拒原因前，就驟然對一個問題作出我喜歡的回應，然而，這個問題跟對方的實際疑問根本沒有關係。等到我回答了對方未說出口的真正疑問時，我卻必須應付自己先前躁進回應所導致的抗拒，真是一團糟！

理由2：避免令對方覺得你跟他對立。設若你未經過釐清步驟就猜對，並且確實了解對方的真正抗拒原因，你以為對方會讚美你很有洞察力嗎？不，你的這種對立、固執、不考慮對方感受的溝通方法，將令對方感到惱怒。所以，縱使你確知對方的真正抗拒原因，也別自以為是地跳過釐清步驟，因為釐清步驟可以建立了解的平台，透過釐清步驟，你不僅能獲得一些思考時間，還能傳達一個重要訊息：你想傾聽及了解對方。

理由3：避免講太多。請站在對方立場想像一下：你現在面臨一個頗為困難的決定，想儘可能審慎地分析這個決定，你對此決定涉及的一個層面感到困惑，於是，你向這個試圖幫助你了解某個東西的人提出一個無傷的詢問。結果，對方的回答沒完沒了，長篇大論，你開始想：「嗯，一分鐘前，這對我來說其實沒那麼大不了，可是，從此人現在的反應來看，我一定是擊中了一個比我想像中更大的問題！」

你花愈多時間回答一個抗拒問題，就給予這抗拒愈高的可信度。

換言之，因為你不了解對方抗拒的真正原因，致使你提出一大堆資訊，淹沒了答案，這將明顯損及你的可信度。我向來喜歡以下面這句格言來提醒自己：「證明得太多，等於什麼都沒證明。」

若這些理由還不足以使你相信釐清步驟的重要性，那我就簡單告訴你：十個抗拒中至少有一個根本不是抗拒（而且，這還是保守數字），此人其實只是不想受他人影響，他只是在找藉口罷了。若你請對方作出釐清，你可能會聽到他說：「呃，嗯，我想，你稍早其實已經回答了這個問題，」他這麼說是因為他根本不是在抗拒！

案例：員工管理問題

釐清

需求：別創造一個不存在的抗拒，避免令對方覺得你跟她對立，也別失去對談話的掌控，你應該更深入探究。

技巧：你必須釐清她抗拒的真正原因。

例子：你們的交談可能類似如下：

員工：「我不認為我需要參加任何有關於這問題的外面訓練課程。」

雇主：「妳對於參加這種訓練課程到底有何疑慮？」

員工：「我告訴你我會解決這問題，我只是不認為外面的訓練課程能解決此問題。我的確必須解決這個問題，但我不想令自己看起來很蠢。」

雇主：「好，妳告訴我，我有沒有聽對，妳的真正疑慮是這類訓練課程到底有沒有用，對吧？」

員工：「沒錯。」

別使對方產生敵意，或是令對方難堪，你應該婉轉地幫助對方擺脫困境。對她的困擾作出一些評論，或許有所幫助，不過，我寧願幫助她自在地擺脫試圖找藉口，勝過為一個不存在的抗拒注入生命。

步驟2：表達理解

設若已經釐清了真正的抗拒原因，接下來就該展現你的傾聽技巧了，此時或許也該展現你的同理心。就對方的抗拒表達理解，指的是讓對方確知你了解他的疑慮，表達你了解他為何抗拒。釐清是幫助你探究對方抗拒的真正原因，表達理解則可以幫助你確認此原因，以下是這兩個步驟的例子。

案例：員工管理問題

表達理解

需求：對方向你進一步敞開心胸，信任地吐露她遲疑的真正原因，你必須向她展現感同身受。

技巧：你應該展現同理心，表達你理解她的抗拒。

例子：你們的交談可能類似如下：

雇主：「我當然能理解妳的遲疑，我也參加過一些做得不太好的訓練課程。但我想讓妳知道，我不僅參加過這類課程，也認識教導這類課程的訓練師，我可以向妳保證，我絕對不會送妳去參加我對其教導內容和教導方式沒有充分信心的課程。」

步驟3：回應

在確知對方抗拒的真正原因，並且表達你的理解之後，接下來是作出回應。不過，為作出有效回應，你必須知道你要回應的是哪一種類型的抗拒。所幸，抗拒類型其實只有兩種，以下先探討較容易應付的抗拒類型。

第一種抗拒類型：誤解。若所有抗拒都是起因於誤解，生活就容易多啦！誤解類型的抗拒指的是，你溝通的對象誤解了某個東西，因此你需要消除此誤解。方法很簡單，但不是萬無一失，事實上，在澄清以消除誤解時，問題往往不是出在你說什麼，而是你**如何說**。

在澄清誤解時，必須注意別落入這個陷阱：令對方感覺你在強調你是對的一方，他是錯的一方。你必須有技巧地除去一個即將出現的障礙——對方的自尊心受傷，並且回歸到影響對方行為的正軌上。

我推薦一個我本身使用多年的技巧，我稱之為「3F」（feel, felt, found）技巧：「很多人也有這種感覺，我也有這種感覺，我發現」，這技巧可以很有效地幫助你婉轉地讓對方知道他誤解了。

此技巧的第一個F（feel）旨在擺脫常出現於此境況下的自尊心障礙。當你告訴對方，很多人也有跟他相同的感覺，你就可以立即避免把對方擺在防衛位置。

第二個F（felt）的目的是在你的回應中注入你的同理心。告訴對方，很多人也跟他有相同的感覺，這當然很有幫助，但當你說你本身也有這種感覺時，助益更大！

第三個F（found）是要提出你的回應。到此時，答覆應該變得簡單了，但千萬別大意，在這一步搞砸了。向對方說明你發現了什麼，接著再敘述你的答覆，這樣做可以把對立降至最低。以下是應用這技巧的例子。

案例：員工管理問題

「3F」技巧

需求：面對誤解類型的抗拒，別使你溝通的對象覺得她是錯的一方。

技巧：避免傷害對方的自尊心，展現你的同理心，矯正此誤解。

例子：你們的交談可能類似如下：

雇主：「我可以向妳保證，我絕對不會送妳去參加我對其教導內容和教導方式沒有充分信心的課程。」

員工：「OK，可是，我仍然沒把握自己能在這類課程中有良好學習，誰曉得其他學員是怎樣的人呢，我見過這類課程被一些感覺遲鈍的人給破壞了。」

雇主：「其實，很多人在參加這類課程時，也有跟妳相同的感覺，這可能令人有點卻步，因為不知道還有誰參加這課程啊。我去上這類課程時，也有這種感覺，那時，我心想：『我真的想學些東西，要是其他學員不像我這樣認真看待這課程，怎麼辦？』。不過，我發現，若課程內容很棒，又有優秀的訓練師主持，就不需擔心其他學員了。」

使用「3F」技巧，可以讓你婉轉地告訴對方他誤解了。換成是我，我會謹慎避免在一次談話中使用此技巧超過一次。此外，別擔心你是否在運用此技巧時涵蓋了所有三個F，這只不過是一個指南，不過，你將會發現，這技巧往往能幫你成功應付棘手的情況。

第二種抗拒類型：缺點。這是最難應付的抗拒類型，當抗拒係起因於缺點時，意味爭議中存在著你無法解決的元素。不過，別怕，有志者，事竟成。

首先，我們用你熟悉的事物為例，你就比較能了解我要教你的技巧。試問，你上次購買的那部車，是不是所有項目都符合你的要求和期望呢？嗯，我相信，顏色或車款都是你想要的，不過，除非你是訂購的，所有項目都依照你的要求打造，否則，我猜想，它大多數項目符合你的要求，但不是全部。

不論是你的車子、工作、房子或配偶（好吧，也許別把你的配偶算在內），我相信你作決定是根據整體來看，不是只看其中一、兩個項目。若你相信你想影響對方作出的決定，真的是為其最佳利益著想，那就堅持下去，繼續推進！在釐清和表達理解之後，我建議你以整體觀來總結，你提出解方究竟有何益處。

案例：員工管理問題

提議有欠缺、不足時

需求：因為你的提議中有缺點而導致對方抗拒時，你應該幫助對方以整體觀來檢視情況。

技巧：聚焦於此解方的整體益處，以減輕此疑慮。

例子：你們的交談可能類似如下：

雇主：「不過，我發現，若課程內容很棒，又有優秀的訓練師主持，就不需擔心其他學員了。」

員工：「OK，這聽起來似乎是不錯的訓練課程。可是，我不想為了參加此課程而犧牲我的一個週末天。」

雇主：「很遺憾，為方便那些無法在平日工作時段參加訓練課程的人，這課程只開在週末。不過，妳可以問問自己，整體而言，什麼對妳最重要，是在一個支持的環境中參加訓練課程，幫助妳解決阻礙職涯發展的最大問題？還是犧牲一個週末去參加此課程？」

要是你想知道，你的解決方案有什麼其他益處，請別忘了，在前面階段，你並不是告訴對方她該做什麼，而是根據你提出解方的種種益處，來建立對方的信任，營造對方的急迫感啊，你忘了那些益處嗎？

我想再次提醒的一點跟道德有關：若你提議的解決方案，並沒有針對當事人的最重要考量，那麼，你必須認真思考你想影響他去做的事。在這一步，你的目的是要對方從整體來看這項欠缺，並不是要說服對方相信他不需要它。此時，我們來到了重要的分岔路口，切記，我們的目的是影響而不操縱。

操縱他人者重申解決方案的益處，目的是想說服對方相信此解決方案中的欠缺是他不需要的東西。影響他人者重申解決方案的益處，目的是幫助對方以整體觀來看此解決方案。

步驟4：確認

你是否有過這樣的經驗：當事人作出抗拒，你回應並解決了這抗拒，繼續前進，但突然間，抗拒的醜陋面孔又回頭了，就是頑強地不肯離去。有時候，抗拒會自行產生生命，一再出現，就像不時上門糾纏的無賴。每次，你以為你已經對抗拒給了一個滿意的答覆，十分鐘後，你又聽到：「可是，我仍然認為……。」

應付這種問題的最佳之道，就是確認已經解除了對方的抗拒。

案例：員工管理問題

確認

需求：因為你的提議中有缺點而導致對方抗拒時，你應該幫助對方以整體觀來檢視情況。

技巧：你已經努力解除了對方的抗拒，此時，你必須讓它作個了結。

例子：你們的交談可能類似如下：

雇主：「整體而言，什麼對妳最重要，是在一個支持的環境中參加訓練課程，幫助妳解決阻礙職涯發展的最大問題？還是犧牲一個週末去參加此課程？」

員工：「我明白你的意思了。」

雇主：「好極了，那麼，妳準備處理了嗎？」

員工：「嗯，若要做，最好現在就做，讓我去參加這課程吧。」

通常，簡單地問一句：「這聽起來如何？」或：「ＯＫ嗎？」就足以達到確認的目的，重點是試圖讓當事人告訴你，他的抗拒已經解除了。你詢問此確認問題，將獲得兩種回應中的一種，他要不就是滿意你處理他的抗拒的方式，要不就是不滿意。若是他不滿意，至少你現在就得知對方仍心存抗拒，在這種情況下，我會建議你作出更多的釐清，你可能需要回頭去檢視，引領你們交談至目前這個點上的那些探詢問題。

我認為，確認這個步驟的重要性幾乎不亞於釐清步驟。不過，在許多情況下，若你認真傾聽，你會發現，當事人會自行向你確認他是否滿意你所作出的抗拒處理。我們常會聽到當事人說：「我很喜歡這樣」，或是：「聽起來很不錯」，不消說，當你聽到這樣的話時，代表對方已經自行作出確認步驟了。若對方已經說：「聽起來很不錯」，你再問：「嗯，那麼，這解答了你的疑慮了嗎？」那就很笨拙了。

我絕對不會告訴你，經過確認步驟後，就保證你不會再聽到對方的抗拒了。不過，我可以告訴你，經過確認步驟後，你已經在心理上使對方更難再作出抗拒。

是抗拒，還是疑問？

有時候，抗拒被視為只不過是一個疑問；反之，有時候，當人們有一個簡單疑問時，卻被視為抗拒。

到底是疑問，還是抗拒？你可以觀察對方的非言語暗示、情緒性表情，以及其他較難察覺的暗示，以作出研判。不過，我認為，這只會增添困惑，我有個更好的主意：何不以相同方式來處理抗拒和疑問？

當有人向你提出一個疑問時，你的首要之務是釐清他的問題，以確定你確實了解他的疑問，接著作出答覆，然後再確認對方已經明白或滿意你的答覆。這處理步驟很正確，不是嗎？以相同方式來處理抗拒和疑問，你就不必再擔心是否錯誤解讀對方的意圖了。

說「抱歉」沒用

王爾德（Oscar Wilde）有句名言：「經驗是人們為自己的錯誤所取的別名。」應付種種困難狀況與抗拒，你將能從中獲得一些經驗。

抱歉似乎是最難啟齒的話，也是最無效用的話。

我們都會犯錯，有時候，當你認真探尋資訊，釐清抗拒時，你可能會對你的論點獲得不同的觀點，簡言之，你可能會發現自己錯了。請深呼吸一下，因為接下來要提最有害的一個字眼，也是在面臨這種情境時最常犯的一個錯誤：你相信你的直覺，並作出道歉。

當你令某人失望時，你很自然地會想說：「我很抱歉。」請別誤會我的意思，當我犯錯時，我很願意向我的太太或朋友道歉；若這句話在商場上有任何用處，我會樂意建議你使用它。不幸的是，在商場上，這句話並無用處，向一個顧客說：「我很抱歉」，等同於對一頭牛揮舞一件紅色衣服，只會使事情變得更糟。

在應付困難狀況時，「抱歉」這字眼之所以如此無用，原因之一是，你所道歉的問題並不是你的錯，而且顧客知道這點。全球經濟危機是你個人造成的嗎？有問題的貸款是你承辦的嗎？銀行危機是你個人造成的嗎？對顧客而言，「抱歉」是空虛、無用的字眼，有時甚至顯得一點也不真誠。不真誠的道歉，感覺起來就像在親密關係中感到空虛。人們想要的不是你的道歉，人們想要的是他們的疑慮被理解，他們的話被傾聽。

下一次，當你聽到某人抱怨跟你或你的公司有關的一件事或一個問題時，讓此人知道你聽到他的抱怨了，告訴他：「我能了解你的沮喪」，或：「我當然能理解這有多麼令人失望」，這些話表達你理解對方的疑慮。接著，覆述此問題，例如：「你對市場投入很多錢和信心，但市場卻劇烈波動」，這顯示你有認真傾聽他的話，也展現你的同理心，這一點很重要。接下來，你可以開始處理對方的實際疑慮。

我無法保證，若你依循這流程，就能奇蹟似地使狂怒的對方突然對其現況感到滿意；但憑藉我使用此流程多年和傳授給無數人的經驗，我可以告訴你，它將大大平息對方的情緒，接下來就看你怎麼做了。平息對方的情緒後，你就可以開始詢問你的問題，而這端視你能不能重建此人對你的信任、認真傾聽，並有效解決問題。這麼做可以幫助你引導對方朝向接受一個新的解決方案，甚至可能使對方和你建立更深入的關係。

終極抗拒：太貴了！

我主持研討會和研習營時，最常被問到的問題，是有關於如何應付洽談價格時遭遇的抗拒，更確切地說，當對方說：「太貴了！」你該如何應付？我的答案是三個首字母縮寫語「TCO」（Total Cost of Ownership，擁有的總成本）。面對一解決方案，尤其是高價解決方案時，因為價格而猶豫卻步是人的天性。貨架上如果有一支十美元的牙刷，誰會想要一支八十美元的電動牙刷呢？大概只有你的牙醫會買（還有你的牙齒也想要）。你走出商店時，覺得自己省了七十美元，但是，你真的找到了最省錢的解決方案嗎？

我的牙刷和ＴＣＯ

佩姬是我的牙科保健顧問，多年來，她讓我保持儀容端正，而且她不說謊。沒錯，手動牙刷是便宜很多，使用手動牙刷刷久一點，還是能把潔牙工作做得一樣好，對吧？佩姬這類牙科專家說：不對。

你留在貨架上的電動牙刷刷牙的速度比你的手動牙刷快上四百倍，多數電動牙刷提供兩分鐘定時裝置，這是美國牙科協會建議的刷牙時間。我想，讓佩姬向你證明使用「太貴」的電動牙刷的潔牙成效，遠遠大於手動牙刷，並不是太難的事，光是這樣，就足以證明那「太貴」的電動牙刷其實並不貴。不過，我還有其他數字供你參考。

使用電動牙刷之前，我每隔六個月就去牙醫那兒洗牙，使用電動牙刷之後，因為牙齒較乾淨，每隔九個月才去洗牙。

牙齒更乾淨，得齒齦疾病的風險降低，甚至還能擁有更專業的外表，你還認為手動牙刷能替我省錢嗎？

＊＊＊

和某人進行ＴＣＯ談話時，詢問對方的問題很簡單：「你說太貴，你指的是購買它的成本，還是擁有它的成本？」你大概會看到對方露出些微困惑的表情，說：「我不了解這兩者的差別」。

這時，你就可以立刻加以分析與闡釋，幫助對方了解什麼是「擁有的總成本」。重點在於引領抗拒者檢視他們正在考慮的這個解決方案的全貌，不論是有形或無形的解決方案。

多年來，我使用此觀念來分析解決方案的實際成本與效益，不論解決方案的效益明顯如同全錄影印機的影印品質，抑或隱晦不明如同隱藏在測謊圖裡的事實。成本之為抗拒原因，不足為奇。考量成本時，應該考量總成本，這是範式，沒有例外。在不了解效益之下，成本永遠是對方心中最重要的考量，身為說服者，你的工作是引導對方檢視總成本，不論是金錢、體驗或情緒成本。

〔練習7〕——有效化解抗拒

處理抗拒最重要的技巧就是：別創造一個不存在的抗拒，避免令對方覺得你跟他對立，也別失去對談話的掌控。

1. 你認為人們不願意改變的原因是什麼？這些原因跟他人有關？還是跟他們自己有關？

2. 你自己曾有抗拒改變的經驗嗎？回顧一個你陷入不願改變的困境，說說看你的抗拒如何出現？後來又如何擺脫的呢？有誰說了什麼來影響你或幫助你嗎？他是怎麼做的？

3. 參照自己的抗拒經驗與過程，再想一個最近你明顯感受到對方（可能是你的部屬或兒女）出現抗拒的情境，以將心比心的角度，試著理解對方的抗拒，想像若可以重新來過，你如何注入同理心回應對方？〈提示：在對話中注入「3F」（feel，feel，found）技巧〉

4. 如果你所提的解方本身有些缺點，你怎樣降低對方的抗拒呢？而萬一你碰到完美主義者，看事情習慣於將焦點放在「缺陷」時，你可以怎麼做？〈提示：以整體觀來總結此方案為對方帶來的益處〉

第8章 如何改變你自己的心意

勝利不是最重要的事，但求勝意志是唯一重要的事。

——已故美式足球教練文斯．隆巴迪（Vince Lombardi）

HOW TO CHANGE MINDS

我們已經清楚定義和說明改變他人心意的流程，似乎已經大功告成了。你已經了解何以人們往往逃避改變，在需要矯正各種行為與習慣時，往往需要他人的協助。你也深入探索了掙扎而遲遲無法作出改變者的心理，了解他們何以會掙扎，甚至知道他們往往在什麼境況下陷入掙扎。你已經學習了建立信任的流程、改變他人心意的藍圖、營造急迫感的流程、如何啟動談話、如何完結談話，以及如何處理談話中遭遇的抗拒。但是，我們的工作還未結束呢。

在三十多年的訓練師經驗裡，我經常疑惑不解，為何有這麼多人熱切學習概念和流程，最終卻未能付諸實行。嗯，我知道答案，我想在此解開這個謎團，套用漫畫家瓦特．凱利（Walt Kelly）的名言：「我們遇到了敵人，這敵人就是我們自己。」

別把你學到的流程變成束縛，這是我這個過度熱心的教師暨作者提出的忠告。你能否成功使用本書教給你的流程，或是任何你學到的流程，並非僅僅取決於你能否記住它們，也取決於你能否在每一個獨特境況下彈性應用它們。一體適用的原則是行不通的。

任何影響他人行為的流程，其終極檢驗是，能不能把此流程擴大或縮小以應用於任何的說服境況。

我並不是說流程本身不重要，我只是說，這些流程不過是指南，這些以及其他類似的流程必須富有彈性，讓使用者可以選擇需要及不需要其中哪些部分。最重要的是，我們必須記住，人們作出的是決策，不是流程。所以，我要談談我所謂的策略性決策。

策略檢查清單

截至目前為止，我們逐項有條不紊地歷經改變他人心意的必要步驟，現在，我要稍稍地攪亂情況，假設我們運用這些技巧的對象，並非全都完全依循前文敘述的流程步驟。下文要提供一份檢查清單，指引你在各種境況下研判如何應用此流程。這份檢查清單裡的每一個問題，都可能影響你將使用的策略，也幫助你更加了解，該如何根據你面臨的特殊境況來擴大或縮小應用此流程。

你試圖影響的對象目前處於其決策循環流程的哪一個階段？

我認為，在確知對方目前處於決策循環流程的哪一個階段之前，你不應該作出策略性決策。這是第一張必須倒下的骨牌，是你在作任何其他決定之前，必須先確知的，因此它比較像是個箴言，而非流程中的一個步驟。一切始於這裡，因此你必須認真傾聽，以找出線索，辨識對方目前可能處於決策循環流程的哪一個階段。

你溝通的對象是否有作出改變的意願呢？若你要犯錯，我會建議你寧可錯在過於謹慎；換言之，一有懷疑，就回頭去檢視決策循環流程和你選擇使用的技巧，不要繼續往前進。

哪些步驟最重要？

若你想改變他人心意，你必須有一份溝通計畫，在此溝通計畫中，你會列出種種技巧，那麼，你自然要考慮一個問題：「我將需要此流程中的哪些步驟？」

有時候，對方目前處於決策循環流程中的哪個階段，線索很明顯，於是你需要選擇哪些技巧也很明顯。但有些時候，你可能需要謹慎探詢來試水溫，解讀對方的心理，以研判他目前處於決策循環流程的哪個階段。一旦選擇了你需要使用的技巧，另一張骨牌就倒下了。

哪些步驟較不重要？

此流程或任何流程中，沒有哪個步驟是不能改變的，它們代表的是根據手邊資訊，有意識地作出的一連串選擇。我知道你已經聽我說過下面這句話很多次了，請容我說最後一次：

本書介紹的主要技巧無非是為了體現一個流程，它們無意限制任何人的行為，它們是有彈性的。在確定了對方目前處於決策循環流程的哪一個階段後，此流程中的某些步驟將比其他步驟來得重要。換言之，儘管我在解說各種重要技巧時可能顯得很熱切，但有時候毋須用到其中某些重要技巧。

請再思考這話：「有時候毋須用到其中某些重要技巧」，這是身為作者的我的老實話；作者告訴你，你不會使用到他教給你的所有步驟！我向你保證，若非我認為這流程中的每一個步驟都很重要，我不會向你介紹它們。但是在現實世界裡，我們會發現，因為種種因素（包括個性、地理位置、當事人目前處於其決策循環流程中的哪一個階段等等），有些步驟變得更為重要，有些則否。這意謂你必須根據所處的景況來建構你的談話。

舉例而言，信任以及流程中建立信任階段的步驟很重要，但若和你面對面談話的是你熟知的人呢？詢問對方你對他已經知道得一清二楚的基本問題，那不是很笨拙、很惹人厭嗎？想像你和一個最佳客戶開始展開談話，你已經和此客戶共事多年，在談話的一開始，你問對方：「可不可以請你談談自己？」

我不僅贊同可以省略此流程或其他任何流程中的某些步驟，我還認為一定要這麼做。我堅信必須根據真實世界的情況來調整此方法，因此幾年前，我奉行此原則，修改我公司所傳授的每種課程。當然啦，我仍然在我們傳授的課程中讓學員演練角色扮演，但我們也讓他們參與個案研究與模擬，在更相仿於真實世界的情境中磨練技巧。

你的處境有哪些預期得到的優勢和弱勢？

了解你的處境相對有哪些優勢，對於你研判應該詢問對方什麼問題，以及在談話中何時可以引導對方，非常有用。

但了解自己處境的弱勢，助益往往更大。分析這些潛在弱勢，將有助你在無法閃避的話題上，搶得機先。坦誠接受自己處境的弱勢，可能有助於為交談建立開誠布公的調性，甚至為潛在的讓步營造良好氛圍，也能幫助你為可能面臨的抗拒做好準備，研擬如何因應抗拒的策略。

在學習如何改變他人心意時，你學到沒有任何一個解決方案是完美的，每一個處境都有其優弱勢。你應該使用適當的技巧去引導對方，了解你所提出的解決方案的優點，但也接受其缺點，這樣你才能有效影響對方。

操縱他人者只聚焦於其提議之優點；影響他人者聚焦並分析其提議之優點。

你預期將會聽到怎樣的抗拒？

有時候，實在難以預期你會聽到對方提出怎樣的抗拒，但其他時候，這些抗拒一點也不令人意外。與其冀望你不會碰到抗拒，倒不如預先做好應付此抗拒的準備。

好好研究一下你的處境，也研究你試圖影響與改變對象的處境，你能預期將會聽到怎樣的抗拒嗎？會不會出現信任問題？對方會不會有害怕改變的心理？會不會出現自尊心問題？急迫感的問題？否認的問題？

你已經學到如何處理抗拒，所以我不在此贅述，但我要建議你把一些有助釐清的提問及措辭適當的回應寫下來。這麼做能提高你的信心，也有助你在出現抗拒的當下，能夠做出清晰有力的回應。

你將需要作出怎樣的開場白調整？

開場白是你的策略性決策中另一個重要部分，有時候，開場白指的是你一開始說的話，有時候，開場白指的是從自在輕鬆的談話過渡到可能讓人不舒服的對立。

重點在於預做準備。研究一下你的開場白，根據你對對方的了解，預期你可能需要作出怎樣的開場白調整。若這對你是很重要的談話，我建議你事先把開場白寫下來。我總是建議研擬幾種開場白，以便可以隨時根據情況需要，搭配、組合你的開場白，這樣，就算你必須臨場說出你的開場白，你也能創造良好的第一印象。這個準備工作將使你打贏關鍵的第一場仗：那最重要的頭四十五秒。

你將需要作出哪些因應對方個性的調整？

截至目前為止，你讀的這份檢查清單上的每一項都很重要，但最後這項將有助於建立談話更好的節奏感。你何時要使用過渡性開場白？那些意圖建立對方信任感的探詢問題，你打算花多少時間？你打算用較困難的探詢來創造對方多大的痛苦感，你打算停留在此階段多久？這些往往跟個性有關。

我非常樂意探討錯綜複雜的個性分析與處理流程，但在步調快速、當場互動的真實世界裡，必須快速作出這些解讀與調整。我認為，在學習如何改變他人心意時，你會面臨的個性可以歸結為以下三種：支配型、分析型和社交型。

若對方展現**支配型**個性傾向：

- 你可以從其衣著看出，通常，其衣著較保守；

- 你可以從其住家或辦公室看出，通常，其住家或辦公室較單調；
- 你可以從其電子郵件看出，其內容多半簡短，並不是特別友善；
- 你可以從其言談聽出，通常，其言談較扼要直接。

面對支配型的人，你的談話步調必須加快，說重點，閒聊攀談不是他的菜，簡潔的開場白後，說你的重點，敏捷地推進你的步驟和技巧。支配型個性的人通常是最強勢的溝通對象，但若他們認為你提出的解決方案有理，他們也是最快速採取行動的類型。在和這種個性類型的人溝通時，若你張大耳朵，認真傾聽對方所透露出願意向前推進的信號，就能改變他們的心意。

若對方展現**分析型**個性傾向：

- 你可以從其衣著看出，通常，其衣著也較保守；
- 你可以從其住家或辦公室看出，通常堆積很多東西，但有條理；
- 你可以從其電子郵件看出，其內容多半條理清晰且扼要；
- 你可以從其言談聽出，通常，其言談較詳盡、慎重。

面對分析型的人，你必須準備好事實和數據，但不帶感情。你若與他分享你對一個點子的「感覺」，他無動於衷；提供實際資料來佐證你的想法，他才會感興趣。堅守你談話的背後邏輯，讓他知道你想從他這裡了解情況，想更加了解他處境的困難與挑戰。在和分析型的人溝通時，若能證明你有理，就能改變他們的心意。

若對方展現**社交型**個性傾向：

- 你可以從其衣著看出，通常，其衣著較鮮豔、新潮；
- 你可以從其住家或辦公室看出，通常有點雜亂，牆上張貼或掛了很多相片；
- 你可以從其電子郵件看出，其內容多半充滿社會性評論及創意；
- 你可以從其言談聽出，你不必擔心他不表達，他會說個不停。

面對社交型的人，你必須讓他們說個夠，可能還會稍加漫談，別急於說你要說的話，太快切入重點會被他們視為粗魯無禮。好消息是，社交型的人最容易接受你的談話邀請；壞消息是，他們通常是最難影響的對象。這並不是因為他們不會認同你建議的改變的大部分內容，而是因為他們會逃避履行他們已經同意要做的改變。社交型的人最需要你更有紀律地遵循你所選擇的技巧，尤其是那些營造急迫感的技巧。在和社交型的人溝通時，若你能避免落入陷阱，避免急著脫離創造對方痛苦的探詢階段，多使力營造他們的痛苦和急迫感，就能改變他們的心意。

這份個性類型速覽，你應該把它放入你的檢查清單，在學習如何改變他人心意時，它能讓你對如何拿捏技巧的輕重緩急有一些概念。你可能會覺得它很合理，但我可是花了約十年時間才把個性納入影響他人時的考量項目。

不是關於我，是關於你

要承認這點，實在有點不好意思：之前，我向來不喜歡坊間出現的各種個性分析法，這些方法辨識各種個性類型，對你過去不太了解的自己提供一些洞察。

有好一段期間，似乎我共事的每家公司都投入於這類個性分析法，以期有助提高銷售成效。畢竟，在做了多頁、密集的個性評估後，你會相當程度地了解什麼東西能激勵你，什麼東西對你有反激勵效果，你希望被如何管理，你的銷售能力強項與弱點等等。

那時，我因為一個頑固理由而反對這類個性分析法：我覺得我從這類個性評估獲得的資訊的確很棒，但前提是若我這輩子的銷售對象是我自己！我總覺得這類資訊瞄準了錯誤的目標群，我當然有興趣更加了解自己，成為一個更好的人，但坦白說，我不想要這類資訊是關於我的資訊，我想要的是坐在我對面的這個人的資訊。

所以，我很蔑視這類個性分析法，我常說：「誰需要它們啊？」我不能告訴我的客戶：「噢，不好意思哦，能否請你做這份個性評估，這樣，我才能知道該如何更有效地向你推銷。」在我撰寫的書中，這類關於個性分析的內容，跟實際的銷售術訓練是沾不上邊的，這類個性分析竟然膽敢試圖闖關，成為銷售流程的一部分，這在我看來簡直是厚顏無恥。

但後來，我發現我錯了。經常有聽眾或學員問我諸如此類的問題：「我應該和客戶閒聊多久後，才進入到生意層面的話題？」我深思：這得視該客戶的個性而定，不是嗎？

事實是，我的確需要那些個性分析法，我感謝它們注意到要更加學習了解個人行為。但我認為那些個性分析法，也需要多加關注那些教人如何銷售的技巧。

完善的個性評估是優異的管理工具，在聚會中讓家人和朋友做個性評估也是很有趣的事，但在訓練你如何研判某個初次見面者的個性方面，這類方法幫不了什麼忙，你只能從此人的穿著、辦公室或住家擺設來研判，或是從其電子郵件或語音信箱留言來解讀其個性。這類解讀可以提供你一個好的開始，而你的初步探詢能讓你修正先前的解讀與評估。

在現實世界，很多時候，你必須當場解讀對方個性，因此極難做到像多層面個性評估那樣的仔細程度，但你不需要如此深入詳盡的個性評估，前文討論的三種個性類型（支配型、分析型、社交型）涵蓋了所有基本類型。

我們的本能行為是試圖和我們感覺自在的人進行溝通，也就是和我們相似的人。但是，當你試圖說服他人時，重要的是對方的個性，也就是說，你應該以對方喜歡的溝通方式來和他溝通。

結語

我傳授的影響方法並不是好點子結集手冊，它是一種流程。當你試圖把任何流程做到嫻熟完美時，你必須全心致力於履行你學到的東西，這意味你必須脫離安適的現狀，開始使用新概念和新技巧。許多人的挑戰在於避免不知不覺地重返自在熟悉的舊技巧，尤其是在面對一個活生生的人不安地看著你時。若你相信改變為必要，你還有別的選擇嗎？

當你不知道你試圖影響的對象，目前處於其決策循環流程的哪一個階段，或是不知道需要使用哪些可重複的步驟時，你的焦點就只會落在一件事上頭：你究竟說服他了沒？你贏了，還是輸了？若你在評量自己的表現時，只看你是否確實影響對方作出了改變，那你就是介於天真和無知之間。你怎麼沒有考慮到，你因為學會了最有智慧、有條理的說服方法，故而變得鎮定了？這難道不也是一種收穫？不也是你的表現改進了？

最大的挑戰之一，是試圖催促某人作出決定，而不是有耐心地花時間和心力去改變對方的心意。不過，更大的考驗是：知道何時該深入與奮戰，何時不該奮戰，因為奮戰到底有時不見得符合你試圖改變的對象的最佳利益。有時候，並不需要拚個輸贏。

勝利是唯一重要的事嗎？

年輕時，我是已故美式足球教練文斯．隆巴迪（Vince Lombardi）的粉絲，他不僅是美式足球史上最優秀的教練之一，而且他職涯最後執掌教頭的隊伍是我支持的華盛頓紅人隊（Washington Redskins）。很多人說，下面這句名言出自隆巴迪：「勝利不是最重要的事，而是唯一重要的事。」（Winning isn't everything; it's the only thing.）

其實，這句名言並不是出自隆巴迪，而且他當時說引用這句話時，原意並非如此。這句名言其實出自一九五〇時擔任加州大學洛杉磯分校足球隊教練的亨利．桑德斯（Henry

"Red" Sanders），一九五九年，擔任綠灣包裝工隊（Green Bay Packers）教練的隆巴迪在訓練營開幕時引用這句話，但是，已故美國作家、普立茲獎得主詹姆斯．米契納（James Michener）在《美國體壇》（*Sports in America*）一書中指出，隆巴迪表示他錯誤引用了這句話，實際上，他想說的是：「勝利不是最重要的事，但**求勝意志**是唯一重要的事。」（Winning isn't everything. The will to win is the only thing.）

這原意和那句引言的意思差別甚遠，不是嗎？這也使我們稍加洞察隆巴迪的個性，這位最好勝、職業運動史上最成功的教練之一，其實在告訴我們：「最終定義成功的是你作出的**努力**。」這是很重要的區別，因為我認為，我們常以勝利來定義我們是否成功。

熟識我的人認為我是個熱情的人，內外皆然；但是，有一點可能會令你感到意外，在我的整個職涯，我對輸或贏的反應從來就沒有很大的差別。年輕時代當業務員時，每當成交了好生意，我就會犒賞自己一袋烤洋芋片，那袋洋芋片象徵勝利。

不過，我並非只有在這時候才會犒賞自己一袋洋芋片。當我不走捷徑，堅守我的流程，全力以赴地爭取一筆生意，就算沒能成交，我也會犒賞自己一袋洋芋片。一開始，這麼做令我頗掙扎，因為我不想養成犒賞失敗的習慣。**但我並不是在犒賞失敗，我是在犒賞自己作出的努力**。時至今日，我仍然秉持這理念：在職場上，若我輸了，我可以釋懷；但若我輸了，而我知道自己並未全力以赴去爭取成功，我就無法原諒自己。

＊＊＊

我們在孩提時代學到這點，也被容許以我們的努力，和我們的求勝意志來定義我們的成功。就像隆巴迪的那句引言自己產生了生命，「只能以勝利來定義成功」這個錯誤觀念也是，難怪有這麼多的人鬱鬱寡歡，害怕失敗，我個人認為，這是因為人們把勝負看得太重，如同生死一般。

北卡羅萊納大學籃球隊教練狄恩．史密斯（Dean Smith）是運動史上最成功的大學籃球教練之一（我畢業於馬里蘭大學，要我承認這點並不容易啊），他曾說：「要是你把每一場比賽都看成生死之戰，你的麻煩就大了，比如說，你將會死很多次。」

讓我們向狄恩．史密斯及文斯．隆巴迪致敬，並且牢記他們給我們的寶貴啟示。我們可以訂定目標，並且用百分之百操之於我們的努力來達成結果……，以努力來定義我們的成功，就如同我們在孩提時代所做的那樣。我想，若我們這麼做，我們會對自己感到更滿意，不是嗎？

學習如何改變他人心意，需要在嘗試與錯誤中不斷摸索，過程中有成功有失敗，我真心祝福你。我也希望，你從本書中找到了一個簡單、但深思熟慮的方法，使你能夠以合乎道德且富同理心的方式，盡全力去影響他人。

這也意味，成功的定義並非你確實成功地改變了他人的心意，而是你盡最大的努力去了解並應用你學到的技巧。畢竟，你能百分之百掌控的，並不是成敗，而是有沒有全力以赴。修練你的技巧以臻嫻熟，使用你的檢查清單，相信你的直覺，這樣，你不僅可能在不知不覺中成功地影響他人的心意，而且還運用了影響而不操縱的藝術。最重要的是，在引導他人作出改變時，別再質疑這麼做的重要性了。

如何改變他人心意的策略檢查清單

- ❑你試圖影響的對象目前處於其決策循環流程的哪一個階段？
- ❑哪些步驟最重要？
- ❑哪些步驟較不重要？
- ❑你的處境有哪些預期得到的優勢和弱勢？
- ❑你預期將會聽到怎樣的抗拒？
- ❑你將需要作出哪些因應對方個性的調整？

開場白：

〔練習8〕——因人制宜

你能否成功使用本書教你的流程，取決於你能否在每一個獨特境況下，彈性應用它們。「彈性」即意味著你自己是否願意改變，也就是說，當你遇到不同個性的談話對象時，為了影響對方改變心意，你願不願意因應對方個性自己先做調整？

1. 作者將可能面臨的個性歸結為三種：支配型、分析型和社交型。你認為你自己是屬於哪一型？想想你常來往的朋友，多半屬於哪一型？跟與自己同型的人談話，你是否覺得比較輕鬆自在，也知道如何說服對方？

2. 跨出你的舒適圈，仔細複習一下本章描述的與你不同類型的人，有哪些特徵可以讓你分辨出他們的類型？如何有效跟他們溝通？

3. 找幾個與你不同個性類型的同事或朋友，有意識的練習用對方習慣的方式（而不是你原本的方式）跟他對話，模仿他的速度與聲調，感受一下彼此互動的氛圍和以前有什麼不同？平日做這項有趣的練習，可以增加你的彈性。

〔附錄1〕

我是誰？

喬利斯的「一半故事，一半詩」

當我終於說服你相信，你的退休生活和孩子的教育比你的七天郵輪之旅更重要時，我就防止了財務悲劇的發生。

＊＊＊

當我說服你別再延遲思考「若是……，會怎樣？」的問題，下定決心購買一項能保護你及心愛的人的東西時，我就拯救了生命。

＊＊＊

你。

當我成功說服你在做決策時不要只考慮當下，應該考慮長遠未來的大局時，我就幫助了

＊＊＊

我是業務員，你覺得我的所有探詢問題是在浪費你的時間，但最終，我成功說服你購買一項解決方案，這解決方案不僅救了你現在的事業，也救了你一年後的工作，因為我的產品效益伴隨你的事業擴大。

＊＊＊

我成功說服你改變心意，使你不吝惜於對你的事業作出一項支出，後來，這筆支出為你帶來了最大的客戶。

＊＊＊

我正視你的眼睛，詢問一些令你不安的問題，這激怒了你，但我不介意你對我發脾氣，重點在於我成功說服你不再酒後開車，這救了你和其他路人的性命。

＊＊＊

我忍受你把錯誤的負面刻板印象套用在我身上，事實上，我是唯一為你的家庭提供未來保障的人，防止萬一你不幸早逝，可能導致你心愛的家人生活陷入不幸與巨變。

＊＊＊

我大可以接受你的抗拒，有時候，我但願自己能這麼做，但我不能這麼做，因為我見過有人因為推託延遲而最終受害的悲劇。

＊＊＊

我理解你害怕改變的心理，因為我也有這樣的害怕心理。對於未知的害怕，往往戰勝了當下的痛苦。我想幫助你擺脫這些害怕，以合乎道德的方式促使你採取行動。

＊＊＊

我或許不顯眼，但我存在於每個人的靈魂裡。

＊＊＊

我是誰？我是將要改變你心意的人，我會使用影響而不操縱的藝術來做到這點。

〔附錄 2〕

影響而不操縱

基本上，當你運用影響技巧去改變一個人的心意時，你是在把一個觀念或想法植入他腦中，使他覺得是自己在思考它。

＊＊＊

操縱他人者企圖說服別人採行某解決方案，不論本身是否認同此解決方案；影響他人者只在自己相信並支持某解決方案時，才會試圖說服他人採行此解決方案。

＊＊＊

操縱他人者聚焦於他們能運用的說服技巧；影響他人者聚焦於了解他們想說服的對象的決策流程。

信任。

＊＊＊

操縱他人者不會請求他人的信任；影響他人者不需要請求他人的信任，他們贏得他人的信任。

＊＊＊

操縱他人者把他們的信心寄託於正確的論述；影響他人者把他們的信心寄託於正確的詢問。

＊＊＊

操縱他人者向對方述說他們的問題；影響他人者讓對方自己述說他們的問題。

＊＊＊

操縱他人者總是用自己的陳述來逼促對方，告訴對方他可能存在什麼問題；影響他人者透過探詢來輕推對方，讓對方自行發現自己可能存在什麼問題。

＊＊＊

操縱他人者總是口沫橫飛地述說：若不採行他們的建議將導致什麼衝擊；影響他人者用同理心傾聽當事人述說：若不解決自己目前的某個問題，將會產生什麼衝擊。

＊＊＊

操縱他人者在聽到對方的痛苦時，往往不經意地流露出其得意感，這是他心裡認為自己獲勝的表徵。影響他人者在聽到對方的痛苦時，展現感同身受的同理心，令對方心生信任。

＊＊＊

操縱他人者認為，你愈要求某人作出承諾，愈有機會成功改變對方；影響他人者相信，你必須贏得對方的信服與適當性，才能有效請求某人承諾作出改變。

＊＊＊

操縱他人者把開場白視為誘使他人展開談話的門徑；影響他人者把開場白視為研判展開

談話是否對雙方有益的途徑。

操縱他人者視抗拒為改變的絆腳石；影響他人者視抗拒為繼續解決問題的機會。

＊＊＊

操縱他人者重申解決方案的益處，目的是想說服對方相信此解決方案中的欠缺是他不需要的東西。影響他人者重申解決方案的益處，目的是幫助對方以整體觀來看此解決方案。

＊＊＊

操縱他人者不重視執行，他們把熟稔執行技巧視為有利於他們時才需要學習的東西；影響他人者致力於學習執行技巧，他們把熟稔執行技巧視為幫助需要改變者的途徑。

＊＊＊

操縱他人者只聚焦於他們提議的優點；影響他人者聚焦並分析他們提議的優缺點。

＊＊＊

操縱他人者的勝利定義是確實成功地改變了他人；影響他人者的勝利定義是他們以合乎道德的方式，為促成改變做出了最大努力。

BIG叢書0249

如何讓人改變心意？

作　者—羅伯．喬利斯（Rob Jolles）
譯　者—李芳齡
責任編輯—陳琡分（特約）、劉慧麗
執行企劃—楊齡媛
副總編輯—丘美珍
董 事 長—孫思照
發 行 人—孫思照
總 經 理—趙政岷
出 版 者—時報文化出版企業股份有限公司
10803台北市和平西路三段二四〇號三樓
發行專線—（〇二）二三〇六—六八四二
讀者服務專線—〇八〇〇—二三一—七〇五．（〇二）二三〇四—七一〇三
讀者服務傳真—（〇二）二三〇四—六八五八
郵撥—一九三四四七二四時報文化出版公司
信箱—台北郵政七九～九九信箱
時報悅讀網—http://www.readingtimes.com.tw
電子郵件信箱—big@readingtimes.com.tw
法律顧問—理律法律事務所　陳長文律師、李念祖律師
印　刷—凌晨印刷有限公司
排　版—唯翔工作室
初版一刷—二〇一四年三月七日
定　價—新台幣二六〇元
⊙行政院新聞局局版北市業字第八〇號

國家圖書館出版品預行編目（CIP）資料

如何讓人改變心意？/ 羅伯．喬利斯（Rob Jolles）著；
李芳齡譯. -- 初版. -- 臺北市：時報文化, 2014.03
面；　公分. --（BIG叢書；249）
譯自：How to change minds : the art of influence without manipulation

ISBN 978-957-13-5902-1（平裝）

1.銷售　2.行銷心理學

496.5　　　　103001057

ISBN 978-957-13-5902-1
Printed in Taiwan